U0680653

人类的朋友
——昆虫

RENLEIDEPENGYOU
KUNCHONG

吴波◎编著

集知识、故事、欣赏于一体！
生物爱好者必备！

完全典藏版
探索生物密码

中国出版集团
现代出版社

图书在版编目（CIP）数据

人类的朋友——昆虫／吴波编著 . —北京：现代
出版社，2013.1（2024.12重印）
（探索生物密码）
ISBN 978 - 7 - 5143 - 1028 - 3

Ⅰ . ①人… Ⅱ . ①吴… Ⅲ . ①昆虫 - 青年读物②昆虫
- 少年读物 Ⅳ . ①Q96 - 49

中国版本图书馆 CIP 数据核字（2012）第 292928 号

人类的朋友——昆虫

编　　著	吴　波
责任编辑	张　晶
出版发行	现代出版社
地　　址	北京市朝阳区安外安华里 504 号
邮政编码	100011
电　　话	010 - 64267325　010 - 64245264（兼传真）
网　　址	www. xdcbs. com
电子信箱	xiandai@ cnpitc. com. cn
印　　刷	唐山富达印务有限公司
开　　本	710mm × 1000mm　1/16
印　　张	12
版　　次	2013 年 1 月第 1 版　2024 年 12 月第 4 次印刷
书　　号	ISBN 978 - 7 - 5143 - 1028 - 3
定　　价	57. 00 元

前　言

　　地球上现存的生物已知的大约有 150 万种，其中动物占大部分，大约为 120 万种。在这些种类繁多的动物中，有生活在海洋之中、体形庞大的鲸类，有体形微小、寄生在其他动物体内或自由生活在水中的单细胞原生动物，还包括智力高度发达的人类。但动物界中最兴旺发达的大家族却是昆虫。

　　最近的研究表明，全世界的昆虫可能有 1 000 万种，约占地球所有生物物种的一半。但目前有名有姓的昆虫种类仅 100 万种，占已知昆虫种类的 $\frac{1}{10}$。由此可见，世界上的昆虫还有 90% 的种类我们不认识。按最保守的估计，世界上至少有 300 万种昆虫有待我们去发现、描述和命名。

　　在已定名的昆虫中，鞘翅目（甲虫）就有 35 万种之多，其中象甲科最大，包括 6 万多种，是哺乳动物的 10 倍；鳞翅目（蝶与蛾）次之，约有 20 万种；膜翅目（蜂、蚁）和双翅目（蚊、蝇）都在 15 万种左右。

　　昆虫不仅种类多，而且同一种昆虫的个体数量也很多，有的个体数量大得惊人。一个蚂蚁群可多达 50 万个体。一棵树可拥有 10 万的蚜虫个体。在森林里，每平方米可有 10 万头弹尾目昆虫。蝗虫大发生时，个体数可达 7 亿 ~ 12 亿之多，总重量为 1 250 ~ 3 000 吨，群飞覆盖面积可达 500 ~ 1 200 公顷，可以说是遮天盖地。

　　昆虫在自然生态中起重要作用。它们帮助细菌和其他生物分解有机质，有助于生成土壤。昆虫和花一起进化，因为许多花靠虫传粉。但由于取食的多样性，一些昆虫不仅毁坏自然界或贮存的谷物或木材，还在谷物、家畜和人之间传播有害微生物。

另外，还有某些昆虫能够提供重要产品，如蜜、丝、蜡、染料、色素，从而对人类有益。比如，在化学上的合成漆还未被发明之前，工人师傅就利用一种身体上固有的树脂保护鳞片的雌性印度紫胶虫，把它们大量收集捣碎而制成了天然的虫漆，这种制作简便、用料来源广泛的虫漆可以涂刷在各种物品（尤其是家具）上，使之发出透亮而自然的光泽。

昆虫对人类的影响有正面的也有负面的，而反过来说，人类对昆虫的生存和发展也是有着各种正面或负面的影响。由此看来，昆虫与人类的关系既存在着对立，又是相互共生、不可缺少的，甚至可以成为彼此有益的补充。

昆虫种类之多，无奇不有，或是形态奇特，或是习性有趣。在本书中，我们挑选一些常见而又有代表性的昆虫加以介绍，并通过图片全方位地展示它们，从而让读者对昆虫世界有更多的了解，得到更多的乐趣。

目　录

认识昆虫

植物的敌人与朋友

家居中的昆虫

千姿百态的昆虫世界

认 识 昆 虫

　　谈到昆虫，也许我们已经很熟悉了。翩翩飞舞的蝴蝶，访花酿蜜的蜜蜂，吐丝结茧的蚕宝宝，引吭高歌的知了，争强好斗的蟋蟀，星光闪烁的萤火虫，身手矫健、形似飞机的蜻蜓，憨厚可爱的小瓢虫，举着一对大刀、怒目圆睁的螳螂，令人讨厌的苍蝇、蚊子、蟑螂等等。

　　那么，昆虫还有哪些呢？吐丝的蜘蛛、蜇人的蝎子是不是昆虫？马陆、蜈蚣呢？对这些问题，你不一定能完全答出。那么，现在就让我们一起来看看到底什么样的虫才算是昆虫，它们又有什么特点吧！

庞大的昆虫家族

　　昆虫不但是地球上的老住户（约 3.5 亿年前已在地球上定居），而且是个大家族。如果将世界上的已知动物暂定为 150 万种，昆虫则占据着所有动物种类的 80%。人们习惯称昆虫为"百万大军"，要按这个数推算，我国至少有昆虫种类 15 万～20 万种，约占世界昆虫种类的 15%～20%。

　　20 世纪 80 年代，有的昆虫学家对巴西马瑙斯热带雨林中的树冠昆虫进行调查研究后认为，世界昆虫种类数量应为 300 万种之多，如果按此比例递增，我国昆虫种类应为 45 万～60 万种，至少也不会低于 25 万～30 万种。当然这些数字只是根据世界馆藏标本数量、历年新种递增统计以及按不同区域、不同生态环境、不同季节时间调查结果归纳总结后得出的。随着科学研究的深入发展、交通工具的发达、畅通，调查工作的广泛深入，采集手段的改进以及统计、信息的准确性不断提高，相信昆虫种类的较为准确数字在不久的将来会展现于世人面前。

昆虫家族以数量、类群、特征按昆虫分类标准，以目为单元简述如下。

无翅亚纲

本亚纲特点：体小、无翅、无变态。

（1）原尾目：已知 62 种。无眼、无触角、口器陷入头部，适用于钻刺取食，腹部 12 节。生活于湿地中的腐殖质及石块枯叶下，如原尾虫。1956 年北京农业大学杨集昆先生在我国首次采到该昆虫。

原尾虫

（2）弹尾目：已知 2 000 余种，口器咀嚼式，内陷，缺复眼，腹部 6 节，第一、三、四节上有附肢，可弹跳。凡土壤、积水面、腐殖质间、草丛、树皮下均可见其踪迹，该目昆虫分布极广泛，常见的如跳虫。

（3）双尾目：现已知 200 种以上。口器咀嚼式，陷入头内，缺复眼，触角长；腹部 11 节，有腹足痕迹及尾须 2 根。生活在腐殖质多的土中，如双尾虫。

（4）缨尾目：已知约 500 种。体长被鳞，口器外露，腹部 11 节，有腹足遗迹及尾须 3 根。生活于室内衣物及书籍中，也有的生活于石壁、朽木及腐殖质堆内，还有的寄居于蚁巢中。常见种有衣鱼、石硒等。

有翅亚纲

本亚纲特点：体大，有翅（或退化）、有变态。

（5）蜉蝣目：已知约 1 270 种。口器退化（成虫），触角短刺形，前翅膜质，脉纹网状，后翅小或消失。幼虫生活于水中，成虫命短，如蜉蝣。成语中的"朝生暮死"即指此虫短暂的一生。

（6）蜻蜓目：已知约 4 500 种。头大而灵活，口器咀嚼式，触角刚毛状（鬃状）；胸部发达、倾斜，腹部长而狭；脉纹网状，小室多。为捕食性；幼虫水生，如蜻蜓。

（7）碛翅目：已知 600～700 种。头宽大，口器退化，触角长丝状；前翅膜质喜平叠于腹背，后翅臀角发达。幼期生活于水中，肉、植兼食，如石蝇。

蜻　蜓

（8）足丝蚁目：已知约 135 种。头扁，活动自如，咀嚼式口器，复眼发达、缺单眼；胸部发达，前足第一跗节膨大，有丝腺体。生活于热带某些植物的皮下，营网状巢，如丝足蚁。

（9）蛩蠊目：不超过 10 种。体细长，咀嚼式口器，触角丝状，复眼小，缺单眼，尾须长，雄虫有腹刺。生活于高山，如蛩蠊。我国于 1986 年在吉林省长白山天池由中国科学院动物研究所王书永采到且首次记录。

竹节虫

（10）竹节虫目：已知约 2 000 种。体细长或扁宽，似竹枝或阔叶片；头小，咀嚼式口器，触角丝状，复眼小，翅或存或缺。有假死性，常作为拟态类昆虫代表种，如竹节虫。

（11）蜚蠊目：约 2 250 余种。体扁，头小而斜，咀嚼式口器，触角长丝状，眼发达；前胸宽大如盾，前、后翅发达，也有缺翅种类。以腐殖质为食，多食性，生活于村舍、荒野及浅山间，如蜚蠊。

（12）螳螂目：已知约 1 550 余种。头三角形，极度灵活，口器咀嚼式，肉食性，触角丝状；前胸长，前足为捕捉足，中、后足细长善爬行。卵呈块状，称螵蛸，为中药材。常见种有螳螂等。

（13）等翅目：已知约 1 600 种。咀嚼式口器，触角念珠状，多形态昆虫；翅狭长能脱落。本目昆虫多为木材及堤坝的害虫，如白蚁。同巢中有蚁后、兵蚁、工蚁组成大群体。

（14）革翅目：已知约 1 050 种。体长，咀嚼式口器，触角鞭状；前翅短，革质；后翅腹质，扇形，翅膀放射状；尾须演化成较坚硬的铗，故又名耳夹子虫。多食性，喜腐殖质较多的环境，有筑巢育儿习性，是群集性昆虫中的代表种，如蠼螋。

（15）重舌目：目前仅知 2 种。我国尚未采到标本。体小而扁（8～10 毫米），咀嚼式口器，触角短小；前胸大，超过中后胸之和；足较短，腹部 11 节。生活于腐殖质中，或于鸟兽巢穴寄居。

（16）鞘翅目：简称甲，是昆虫纲中第一大户，已知约 25 万种。咀嚼式口器；前胸大，可活动，中胸小；前翅演化为革质，称鞘翅，后翅膜质，有些种类消失；幼虫多为蛴型，裸蛹。常见种有金龟子等。

（17）捻翅目：已知约 300 种。口器咀嚼式但极退化，触角多叉；前翅退化，呈棒状，后翅阔大，扇形，雌虫头胸愈合，无眼、翅及足。营寄生性生活，如捻翅虫。

（18）广翅目：已知约 500 种。咀嚼式口器，触角丝状；前胸长，近方形，翅宽大，后翅臀区发达，腹部粗大，缺尾须。幼虫水生，肉食性，如泥蛉（líng）。

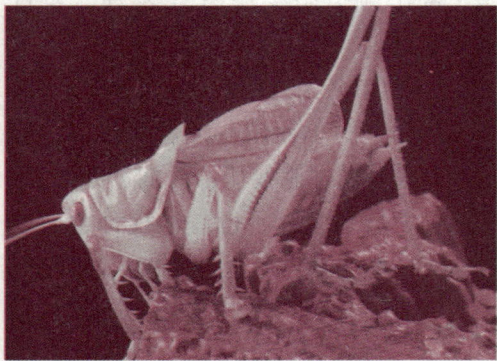

蟋斯

（19）直翅目：已知约 20 000 种，包括蝗虫、螽斯、蟋蟀、蝼蛄各科，为昆虫纲中第六大目。大中型昆虫，体粗壮，前翅狭长，后翅膜质宽大，后足善跳跃（蝗），前足为开掘足（蝼），腹端有产卵管（雌螽、蟋）。

（20）长翅目：已知约 310 种。头垂直并向下延长，口器咀嚼式，触角丝状，复眼大，前、后相似，雄性尾端钳状上举似蝎，又名蝎蛉。成虫产卵土中，幼虫喜潮湿环境，捕食性。

（21）蛇蛉目：已知约60种。头蛇形，复眼大，触角短丝状；前胸细长如颈，足较短，前、后翅相似；腹部宽大，缺尾须。幼虫生活于林间树皮下，捕食性，如蛇蛉。

（22）脉翅目：已知约4 000余种。复眼大，相隔宽，触角丝状；前胸短小，中、后胸发达；有翅两对，前、后翅相似，脉纹网状，翅缘多纤毛；腹部缺尾须。肉食性，如草蛉。

（23）毛翅目：已知约3 600种。退化了的咀嚼式口器，触角长丝状，复眼发达；翅两对，有鳞或密集的毛，横脉少，后翅宽广，有臀域；幼虫水生，吐丝作巢，植食性，如石蚕。

（24）鳞翅目：有10万种之多，为昆虫纲中的第四大目。口器虹吸式，触角棒状（蝶亚目）；丝状、羽状或栉状（蛾）；翅膜质，布满多种形状各种色彩的鳞片。幼虫植食性，如夜蛾。

（25）膜翅目：已知约12万种，为昆虫纲中的第三大目。头大能活动，复眼大，有单眼，触角为丝状、锤状、屈膝状，口器咀嚼式或中、下唇及舌延长为嚼吸式（蜜蜂科）。翅膜质脉奇特。

（26）双翅目：已知约15万种，为昆虫纲中的第二大目。口器舐吸式或刺吸式，触角环毛状或丝状（蚊）、芒状（蝇），前翅一对，后翅退化为平衡棒。肉食性、腐食性或吸血；围蛹或裸蛹。

（27）蚤目：已知约2 200种。体小而侧扁，刺吸式口器，眼小或无，触角短锥形；皮肤坚韧，多刺毛，翅退化，后足跳跃式；腹部扁大，末端臀板发达，起感觉作用。外寄生于鸟及哺乳类动物。

（28）缺翅目：已知约12种。体型小，咀嚼式口器，触角短，仅9节，念珠状；前胸发达，有无翅型和有翅型两种，有翅型翅也能脱落，尾须短而多毛。1973年中国科学院动物研究所黄复生先生在西藏采到该目的一种昆虫，为我国首次记录。

（29）啮虫目：已知约900种。体小、头大垂直，触角长丝状，口器咀嚼式；前胸缩小如颈。翅膜质，前翅大于后翅，翅脉稀但隆起；足较发达，能跳跃。生活于腐烂物质、书籍、面粉中，如啮虫。

（30）食毛目：约有2 500种。体扁、头大，眼退化，口器为变形的咀嚼式

啮虫

（常以上颚括取鸟羽、兽毛及肌肤分泌物为食）；触角短小，最多5节，翅退化，前足攀登式。寄生于鸟及哺乳类动物身上，如鸡虱。

（31）虱目：已知约500种。体扁，头小向前突出，眼消失或退化，刺吸式口器，触角较小；裸蛹，胸部各节愈合，缺尾须，前足适于攀缘。寄生于哺乳类动物身体上，如虱子。

（32）缨翅目：已知约2 500种。体型小、细长，复眼发达，翅狭长、脉退化，密生缨状长缘毛，口器特殊，左右不相称，故称锉吸式；植食性，喜生活于植物包叶间及树皮下，个别种类为捕食性，如蓟马。

（33）半翅目：已知5万余种，是昆虫纲中第五大目。头小，口器长喙形刺吸式，向前下方伸出，触角长节状；前胸宽大，中胸小盾片明显；前翅基丰厚硬如革，后半膜质。植食性或捕食性，如蝽象。

蚜虫

（34）同翅目：已知约16 000种。是昆虫纲中第七大户。复眼较大，口器刺吸式，生于头部下后方；前、后翅均为膜质，透明或半透明。大部分为农林主要害虫，有些种可借助口器传播植物病害，如蚜虫。

知识点

寄　生

寄生即两种生物在一起生活，一方受益，另一方受害，后者给前者提供营养物质和居住场所，这种生物的关系称为寄生。

　　主要的寄生物有细菌、病毒、真菌和原生动物。在动物中，寄生蠕虫特别重要，而昆虫是植物的主要寄生物。

　　寄生物可以横向传播（在种群个体之间），或在少数情况下，以纵向传播（从母体到后代）。横向传播或直接或间接，由传播媒体或中间宿主做中介。有时候传播的主要途径是经过另一种而"偶然"获得。

延伸阅读

昆虫种类繁多的原因

　　昆虫种类繁多，主要有以下几方面的原因。

　　1. 繁殖能力强。昆虫的生育方法一般是雄、雌交配后，产下受精卵，在自然温度下孵化出幼虫来，这种繁殖方式称有性生殖。

　　在大部分种类中，一只雌虫可产卵数百粒至千粒。蜂王产卵每天可达 2 000 ~ 3 000 粒。白蚁的蚁后每秒可产卵 60 粒，一生可产卵几百万粒。一对苍蝇在每年的 4—8 月的 5 个月中，如果生育的后代都不死，一年内其后代可多达 19 000 亿亿只。一只孤雌卵胎生的棉蚜在北京的气候条件下，6—11 月的 150 天中，如果所生的后代都能成活，其后代可达 60 000 亿亿只以上。如果把这些蚜虫头尾相接，可绕地球转 3 圈。

　　还有些种类的昆虫有幼体生殖、卵胎生、多胚生殖等有利于扩大种群的生育方法。

　　2. 体型小。昆虫的体型小，这使它们在争夺生存空间战中占了很大便宜。昆虫中，体型最大也只有十几厘米，一般都在 2 ~ 3 厘米之内，还有许多种类要用毫米甚至微米测量。一块石头下的蚁穴中，可容几万只且过着有次序的社会生活的蚂蚁；一片棉叶下可供几百只蚜虫或白粉虱生活、繁殖后代和取食。

　　3. 食量小，食物杂。昆虫中食量小的种类很多，如一粒米或一粒豆可使一只米象或豆象完成它从卵、幼虫、蛹到成虫的全过程所需的食物。

　　食性杂，食源广的特性也为昆虫提供了生存的机遇。舞毒蛾的幼虫能很自然地取食 485 种植物的叶子；日本金龟子可不加选择地取食 250 种植物。从植物受害方面讲，苹果树有 400 种害虫，榆树有 650 种害虫，栎树有 1 400 种害虫。

　　4. 有很强的选择适宜生活环境的迁移能力。昆虫有着善于爬行和跳跃的足以及专门用来飞翔的翅，这就扩大了它们的生存范围。昆虫可借助风力和气流远距离迁移。

　　危害小麦的黏虫的成虫，在迁飞季节，可从我国的广东省起飞，跨高山、越大海到达东北各省，而且每次起飞可持续 7—8 小时而不着陆，每小时的飞翔速度竟高达 20 ~ 24 千米。昆虫还可借鸟、兽和人们的往来、植物种子、苗木及原材料的运输来迁移。这样，虫借天力人力，就扩大了它们的生存天地。

　　5. 有很强的适应性。昆虫耐饥饿、耐严寒、抗高温、干旱的能力很强。咬人的臭虫一次吸血后，可连续存活 280 天。跳虫在 - 30℃ 的低温下还能活动。在浅土中过冬的昆虫幼虫或蛹，只要来年冰消雪化，即可苏醒过来，继续生活并繁衍后代。

　　6. 多变的生存行为。昆虫有着多种复杂的变态以及模仿、拟态、防御等自我保护行为，这就为保护其种群的生存、发展创造了极为有利的条件。

昆虫的腿与足

　　足是昆虫的主要运动器官。有了足就可带动身体去寻找食物、求婚配对、选择适宜的生活场所。一句话，昆虫没有这六条腿就生活不下去。

　　不要小看昆虫这几条小腿，它们在结构和式样上，还真有点学问哩。

　　昆虫的足能那么灵活地运动，这与足的构造形式有着极为密切的关系。

　　昆虫的足共分为五节，很像是一台高性能挖土机上的分节铁臂。

　　昆虫足的第一节与身体相连，生长在一个叫做基节窝的小坑里，它起着根基的作用，支撑着足的重量，人们叫它基节。

　　第二节短而圆，是整个足上的大转轴，好像挖土机上的转台，操纵着足的转动方向，人们叫它转节。

　　第三节粗大，表皮下面生长着发达的能伸能缩的肌肉，起着挖土机上那根长而有力的铁臂和拉链的作用。它起的作用和模样，又像是人们的大腿，所以叫作腿节。

再前面的一节起着推拉杆的作用，足的伸长或缩短、走起路来迈的步子大小，主要由这一节来支配，叫作胫节。

胫节前面的一节，是由二至五个小节组合而成的，由于各节之间相隔很短，运动灵活，便于附着在物体上向前爬行和攀登，就叫它跗节。最后一节的顶端，还长着两个又尖又硬的爪子，可用来协助跗节抓牢物体不至于脱落。有些种昆虫的两爪之间，还长着有弹性的垫子，可凭借它分泌的黏液和吸附力，将足附着在光滑的物体表面，甚至倒悬着也不会掉下来。

还有不少昆虫的跗节及爪垫上，生长着极为灵敏的感觉器官，一经与物体接触，便可知道物体情况，以决定其行动。

由于昆虫足的结构有着力学的科学原理，因此，便产生了极为惊人的抓、爬、跳、弹、拖、拉、挖的力量。如果你有兴趣，不妨做个实验，捕捉一只身材较大的甲虫，用镊子细心地将一条腿自基部完整地摘下来，并平行地夹住，再用另一把镊子牵动基节内的肌肉，便可看到腿的运动及收缩情况。如果在爪尖上挂一个大于腿重量 250 倍的物件，腿的结构也不会受到损伤。

人们做过这样的实验：捉来一只身体健全的蜻蜓，用线把它的胸部捆好，让它抓住相当于其体重 20 倍的食物，轻轻提起，蜻蜓竟能靠足的抓力，抱紧食物达 15 分钟之久。我们也曾看到蜻蜓捕捉比它体积大 5 倍以上的天蛾成虫，飞离地面数米，然后停留在树梢上嚼食。

盗虻在抓举竞赛中也毫不逊色，能捕捉到比它身体长 1 倍、重 2 倍的负蝗，用足轻而易举地抓吊着，远走高飞。

大花金龟可以抓起 324 克的重物，比自身的重量大 53 倍。

昆虫不但抓举能力强，而且抓得很牢固，如果想把它抓住的食物拿掉，并不容易，强行夺取，有时甚至将腿拉断它也不肯松开。

人们都知道马的拉力很大，一匹体重为 0.7 吨的好马，在良好的路面上，

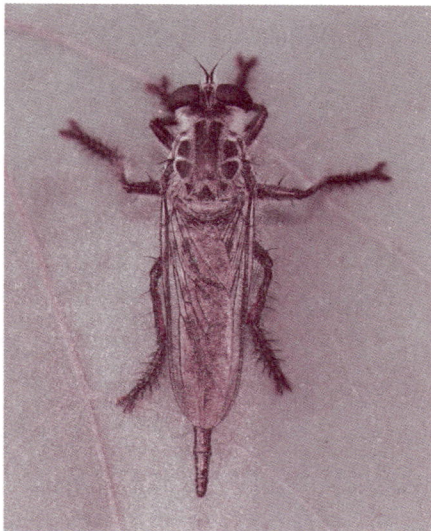

盗　虻

用四轮车最多可拉动 3.5 吨的货物，相当于自身重量的 5 倍。

你也许没有想到，动物中拖力最大的大力士并不是马，而是 6 条腿的小昆虫。

为了证明昆虫的拉力有多大，曾有人做过一个实验：捉来一只体重仅有 0.5 克，俗名叫耳夹子虫的大蠼螋，用线拴住它尾部的夹子，在平滑的地面上，可拖动一辆 170 克的玩具小空车，快速地向前爬行。后来再在空车装上东西，并逐渐将重量增加到 265 克，还可勉强拖着走。如果用耳夹子虫的体重，去除它所拖拉的总重量，再把得数四舍五入，就可得出个惊人的数字，它所拖的重量相当于自身重量的 500 倍。

用同样方法测试一只体重为 6 克的犀角金龟子，它能拖拉的重量达 1 086 克，比自身重量大 181 倍。

一只织巢蚁，可用嘴叼着比它体积大 40 倍的植物叶片，用 6 条细长的小腿在地面上拖着走。而一只普通的黑蚁，竟能较轻松地将比它的身体重 1 400 倍的食物拖到自己的巢口。

地球上的动物，生长着 6 条腿的恐怕只有昆虫了。因此，古希腊的昆虫学家，把昆虫纲称为"六足纲"。这个名称被认为反映了昆虫纲的主要特征而流传至今。中国最早研究昆虫的学术团体，也是以昆虫的 6 条腿特征命名的，叫"六足学会"。

前面说的都是昆虫 6 条腿的特殊功能及其力学原理。也许有人要问，昆虫长着 6 条腿，走起路来先迈哪一条，后迈哪一条呢？

在高速摄像机问世前，人们为了揭开这个谜，曾经捉来一只身体较大的步行甲虫，把它的 6 条腿各蘸上不同颜色的油墨，让它在白纸上爬行。起初昆虫用蘸有油墨的足走路很不习惯，于是在纸上画出了一幅极不规则的超现代派抽象画。

经过几次实验，终于走出了正规的印迹，清楚地表明它是将 6 只足分为两组，像"三脚架"一样交替支撑着身体向前运动的。一组是用身体右边的前足、后足和左边的中足组成；另一组是用左边的前足、后足和右边的中足组成。行走时当第一组的足举起身体向前移动时，另一组的足便负担着支撑身体重量的任务。同一组的 3 只足也并不是同时移动，而是前、中、后依次行进。由于一般昆虫的足都是前、中足短些，后足长些，后足迈出的步子总是大些，这样就很自然地使它们的行走路线成为"之"字形。

知识点

生物的分类

生物分类就是遵循分类学原理和方法，对生物的各种类群进行命名和等级划分。瑞典生物学家林奈将生物命名后，此后的生物学家才用域、界、门、纲、目、科、属、种加以分类。

最上层的界，由怀塔克所提出的五界，为较多人接受；分别为原核生物界、原生生物界、菌物界、植物界以及动物界。从最上层的"界"开始到"种"，愈往下层则被归属的生物之间特征愈相近。

延伸阅读

蚂蚁脚爪与发动机

蚂蚁是动物界的小动物，可是它有很大的力气。如果你称一下蚂蚁的体重和它所搬运物体的重量，你就会感到十分惊讶！它所举起的重量，竟超过它的体重差不多有100倍。世界上从来没有一个人能够举起超过他本身体重3倍的重量，从这个意义上说，蚂蚁的力气比人的力气大得多了。

这个"大力士"的力量是从哪里来的呢？

看来，这似乎是一个有趣的"谜"。科学家进行了大量实验研究后，终于揭穿了这个"谜"。

原来，它脚爪里的肌肉是一个效率非常高的"原动机"，比航空发动机的效率还要高好几倍，因此能产生这么大的力量。我们知道，任何一台发动机都需要有一定的燃料，如汽油、柴油、煤油或其他重油。但是，供给"肌肉发动机"的是一种特殊的燃料。这种"燃料"并不燃烧，却同样能够把潜藏的能量释放出来转变为机械能。不燃烧也就没有热损失，效率自然就大大提高。化学家们已经知道了这种"特殊燃料"的成分，它是一种十分复杂的磷的化合物。

这就是说，在蚂蚁的脚爪里，藏有几十亿台微妙的小发动机作为动力。

这个发现，激起了科学家们的一个强烈愿望——制造类似的"人造肌肉发动机"。

从发展前途来看，如果把蚂蚁脚爪那样有力而灵巧的自动设备用到技术上，那将会引起技术上的根本变革，那时电梯、起重机和其他机器的面貌将焕然一新。

昆虫的翅膀

大多数昆虫有翅，并可以飞翔。有了翅就扩大了它们的生活范围，这也正是昆虫在地球上的数量如此之多的原因之一。

昆虫翅的结构很像一只风筝。在翅的表面镶嵌着一层透明的翅膜，在翅膜内贯穿着许多条像风筝用竹签扎成的支架，叫作翅脉。为了使翅膀在飞翔时增强支撑能力，免得被风折断，还有许多横脉将翅膜分成许多大小不同的格子，叫作翅室。

膜翅　鳞翅　腹翅　缨翅　半翅　毛翅　鞘翅　平衡棒

昆虫翅的类型

有些种昆虫的翅像透明的塑料布，翅脉清晰可见，如蜜蜂和苍蝇的翅就是这样。蝴蝶和蛾子的翅上，覆盖着一层五光十色、像鱼鳞一样排列着的鳞片，而且以鳞片的大小、形状、颜色组成各种鲜艳夺目的图案。至于毛翅目的昆虫，它们的翅膜上还铺满了一层密集的毛。

昆虫光有翅还不能飞行，还要靠肌肉。翅的基部连接着体内极为发达的肌肉群，而且各种肌肉还有着严格的分工。专管向上提翅的肌肉，叫提肌，管理向下拉翅使虫体下降的肌肉，叫拉肌或牵肌。还有的肌肉用来操纵翅的振动频率和飞行方向的变更。

当昆虫要起飞时，肌肉系统开始工作，互相作用，先使翅产生抖动，然后加大牵引力，同时使翅的尖端向下压，利用空气受压产生的阻力，同时将翅的前缘扭转，使气流从翅下通过，将身体举起来。这时振动肌开始工作，昆虫便向前飞去。昆虫飞行的快与慢，由翅的振动频率来决定。当然身体内的肌肉所产生的任何动作，都要由大脑中的神经系统支配，才能运动自如。

昆虫的翅有着这样科学的结构，再加上像机械一样的运动着，便决定了有翅昆虫不但能飞，而且有些种类的飞行速度也很可观。

蜻蜓称得上昆虫中的飞行冠军。每当暴风雨将要来临或雨后初晴的时候，常见到蜻蜓三五结伙，数十只成群，多者成百上千只结队飞行，时上时下，忽慢忽快，有时竟微抖双翅来个180°的大转弯，姿势非常优美。它们还可用翅尖绕着"8"字形动作，以30~50次/秒的高速颤动，来个悬空定位表演。

蜻蜓时常以10~20米/秒的速度连续飞行数百千米而不着陆，有时还会突然降落在植物尖梢上，一瞬间又飞得无影无踪。唐诗中有"蜻蜓飞上玉搔头"的诗句，生动地描述了它们飞行的特殊技能。

蜻蜓飞得这样快，可是它们的翅却不会被折断或受到损伤，除了翅上布满像蜘蛛网状的翅脉，承受着巨大的气流压力外，在翅的前缘中央，生长着一块极其坚硬，叫作翅痣的黑色斑，起着保护翅的防颤作用。研究制造飞机的人们从中受到启示，在机翼的前缘组装上了一块较厚的金属板，不但使飞机在航行中减少了颤动，提高了安全系数，也起到了平衡作用，加快了飞行速度。

蝗虫的飞行能力也很惊人。成年蝗虫每天可轻而易举地飞行160多千米。一度在摩洛哥发现的蝗群，原来是从3 200千米以外的南部非洲飞来的，后来不仅从西非飞到孟加拉国，而且又经过土耳其向北飞去，有些迷途的蝗群竟飞到了英国。

黏虫的飞翔能力也很超群。有人曾做过这样的实验，在黏虫春季迁徙季节，在其身体上做好标记，从我国南方省份广东释放，3—5天后即在我国最北方的黑龙江省回收到。人们在追踪观察中发现，黏虫一次起飞可连续7—

牛 虻

8 小时不着陆休息，飞行速度可达 20～40 千米/时。

金龟子每秒钟可飞行 2～3 米远。身体只有 1 毫米多的蚜虫，在无风天气，每小时也可飞 0.8～2 千米，而且在借助风力的情况下，可飞得很高，有人曾在 3 970 米的高空中捕到它们。

苍蝇、蚊子、牛虻等双翅目昆虫只有一对翅膀，原来的后翅退化成半个哑铃状的楫翅，称为痕迹器官，不但能使昆虫不用跑道而直接起飞，而且是使昆虫保持航向的天然导航器官，因此又称为平衡棒。苍蝇有平衡棒，可是它们的飞翔速度并不减慢。家蝇每秒可飞行 2 米；牛虻每秒飞行 5～14 米；鹿蝇的飞行速度可与现代超声速飞机媲美，每小时可飞行 400 千米。

一些昆虫从用两对翅飞行，演变成用一对翅飞行，这是飞行能力发展的必然结果。从进化的角度理解，它们应属于昆虫中的"高等绅士"了。

知识点

迁　徙

迁徙是从一处搬到另一处。泛指某种生物或鸟类中的某些种类和其他动物，每年春季和秋季，有规律地、沿相对固定的路线、定时地在繁殖地区和越冬地区之间进行的长距离的往返移居的行为现象。

动物的迁徙都是定期的、定向的，而且多是集成大群地进行。

昆虫的迁徙有时能创造奇迹，最著名的是产于美洲的彩蝶王，它们春天从中美洲飞到加拿大，秋天又飞回中美洲，行程 4 500 千米，历时几个月，真是令人惊叹不已。

➤➤➤ 延伸阅读

昆虫棒翅的启示

昆虫飞行时，棒翅以330次/秒的频率不停地振动着。当虫体倾斜、俯仰或偏离航向时，棒翅振动平面的变化便被其基部的感受器所感觉。昆虫脑分析了这一偏离的信号后，便向一定部位的肌肉组织发出指令去纠正偏离的航向。

人们根据昆虫棒翅的导航原理，研制成功了一种"振动陀螺仪"。它的主要组成部件形似一个双臂音叉，通过中柱固定在基座上。音叉两臂的四周装有电磁铁，使其产生固定振幅和频率的振动，以模拟昆虫棒翅的陀螺效应。

当航向偏离时，音叉基座随之旋转，致使中柱产生扭转振动，中柱上的弹性杆亦随之振动，并将这一振动转变成一定的电信号传送给转向舵。于是，航向便被纠正了。

由于这种"振动陀螺仪"没有普通惯性导航仪的那种高速旋转的转子，因而体积大大缩小。受到这类生物导航原理的启示，人们逐渐地发展了陀螺的新概念，还制成了高精度的小型"振弦角速率陀螺"和"振动梁角速度陀螺"。这些新型导航仪现已用于高速飞行的火箭和飞机，能自动停止危险的"翻滚飞行"，自动平衡各种程度的倾斜，可靠地保障了飞行的稳定性。

昆虫的眼睛

在昆虫寻找食物，躲避敌害，谈情说爱，传宗接代等多种多样的活动中，眼睛——视觉器官起着很重要的作用，因为需要依靠它才能与周围的环境建立起密切的关系。

在所有的动物中，昆虫的眼睛不但最多，而且构造也很特殊。它除了在头的前方两侧，有一对大而突出的叫作复眼的眼睛外，在两个大眼之间还有一个或三个叫作单眼的小眼。一个复眼并不是一个单体，而是由许多六角形的小眼聚集在一起形成的。因此，复眼的体积越大，小眼的数量也就越多。

不同种类昆虫复眼中的单眼，其数量有多有少。据科学工作者们的实验、

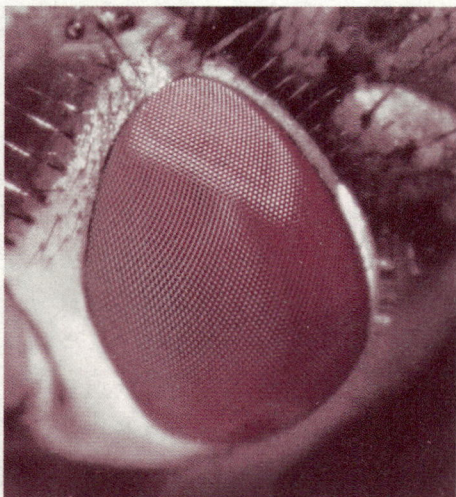

苍蝇的眼睛

观察和计算，蜻蜓像一个变色灯泡的又圆又大的复眼，竟是由 1 万~2.8 万个小眼组成的。蝶类的复眼则由 1.2 万~1.7 万个小眼组成。在水中生活的龙虱，每个复眼由 9 000 个小眼聚集而成。家蝇的复眼有 3 000~6 000 个小眼。蚊虫的复眼只有 50 个小眼。让人们难以理解的是，同是一种蜜蜂，工蜂的复眼由 6 300 个小眼组成，蜂王的复眼为 4 900 个小眼组成，而雄蜂的复眼是由 13 090 个小眼组成的。

昆虫的复眼虽由这么多小眼组成，但大多数视力并不强，有点接近于近视。经过科学家们的测量，得出的结论是，家蝇的视觉距离只有 40~70 毫米；蜻蜓的视觉可达 1~2 米。不过，有一种非洲产的毒蝇却能清楚地看到 150 米左右远的物体。

虽然昆虫能看到物体的距离较短，但它们对物体移动的觉察能力却很敏锐。当一个物体忽然在眼前闪过，人们的眼睛要在 0.05 秒的时间内，才能看清模糊轮廓，而苍蝇只要在 0.01 秒内就能辨别其形状大小。根据这种现象，人们从雄蝇追逐雌蝇的飞行路线中发现，苍蝇的复眼视觉有着绝妙的追踪能力。

昆虫复眼的结构既复杂又巧妙。复眼中每个小眼的前面都镶嵌着一层像凸透镜一样的，叫作角膜的聚光装置，它起着照相机镜头那样的校对焦距的作用。角膜下面连接着调整清晰度的晶体部分以及辨别颜色的色素细胞和感觉束，它还与视觉细胞以及连接大脑的传感神经相通。当神经感觉到聚光系统传入光点的刺激时，便形成点的形象。许多小眼内的点像互相作用，即连接成一幅完整的影像。如果把一只完整的复眼取下，用石蜡包埋并用切片机纵切开，封闭在玻片上，在放大镜下观察，便可见到许多菱形的小眼，像一朵葵花盘似的聚集在一起。如果将半个复眼变换着角度在阳光下观察，由于光的折射作用，在眼面上会出现五颜六色、绚丽夺目的斑点，很像一只奇妙的万花筒。

昆虫复眼中的小眼数量不同，对不同颜色的分辨能力和敏感程度也不一样。人们的眼睛看不到紫外线光，可是在蚂蚁、蜜蜂、果蝇和许多种蛾子的眼里，紫外线却是一种刺激性最强的光色。又如蜜蜂不能辨别橙红色或绿色；荨麻蛱蝶看不到绿色和黄绿色；金龟子不能区分绿色的深浅。

有些昆虫的复眼，在飞行过程中还起着定向和导航的作用哩，蜜蜂就是其中的一例。它们眼中的感光束，呈辐射状排列着，每个感光束由8个小网膜细胞组成，其中的感光色素位于密集的微绒毛中，由于微绒毛中感光色素分子的定向作用，和对光的吸收能力，而有着特殊的定向功能。

蜜蜂就是利用复眼中这些极为复杂的视觉细胞感受到透过云层散射出来的、有固定振动方向的"偏振光"来判断太阳在天空中的位置的，即使天空中乌云密布，飞出百里之外采蜜的蜜蜂回巢也不会迷失方向。

人们受到蜜蜂眼睛构造的启示，根据其原理，已成功地制造出一种叫做"偏振光天文罗盘"的仪表，从此飞机能穿云破雾，搏击长空；舰艇在阴雨连绵的大海中航行，都不再迷航了。

有一种象鼻虫的复眼，可起到速度计数器的作用，它能根据眼前所能见到的物体从一点移动到另一点所需要的时间，通过脑神经计算出自己相对于地面的飞行速度。因此，这种甲虫在飞行着陆时，离它选定的着陆点误差很小。人们据此研究出了测量飞机相对于地面的飞行速度的仪表——空速表。这种仪器还能测量火箭攻击各种目标时的相对速度。

昆虫头上的单眼，只是一个四周没有受到任何压力的圆形角膜镜，所以它只能辨别小范围内的光的强弱，以及映入眼中但不清楚的影像的距离。

知识点

偏振光

光波是横波，即光波矢量的振动方向垂直于光的传播方向。通常，光源发出的光波，其光波矢量的振动在垂直于光的传播方向上作无规则取向，但统计平均来说，在空间所有可能的方向上，光波矢量的分布可看作是机会均等的，它们的总和与光的传播方向是对称的，即光矢量具有轴对称性、均匀分布、各方向振动的振幅相同，这种光就称为自然光。

偏振光是指光矢量的振动方向不变，或具有某种规则地变化的光波。按照其性质，偏振光又可分为平面偏振光（线偏光）、圆偏振光和椭圆偏振光、部分偏振光几种。

延伸阅读

复眼与仿生

动物视觉系统中的复眼是大自然最奇特的创造，模仿动物的复眼制造种类不同的"仿生眼"一直是科学家们的一个梦想，这样的科技可以应用于摄影技术、监视系统、军事领域乃至于改善人类的视觉。假若这种技术能进入我们的生活，我们便能透过人工模拟的动物视觉欣赏自然的美景，还能创造全视场的开阔视野。

蜜蜂敏锐的复眼使它拥有广阔的视野，它们的复眼和它们小巧的大脑构成了一个复杂的飞行控制系统，当蜜蜂在花丛中飞行时，这个飞行控制系统保证它们的飞行精确灵活，畅通无阻。后来，人们研制出了一种类似蜂眼的微型相机，这种相机小巧灵活，用途广泛，视野可达280°，将它安放在无人驾驶的微型飞行器上，它便能让我们体验到蜜蜂在飞行时看到的世界。

研究人员描述说，他们使用一个由许多透镜构成的"复眼"来聚焦正前方150°范围内的图像，而这个有特殊曲率的镜片又通过折射收集其余130°范围内的光线。然后，一个电脑将由此获得的扭曲了的图像转换成人眼能够识别的图像。

蜻蜓的复眼由2.9万个小透镜组成，能令蜻蜓在同一时间里看到360°的全景视角。你可以想象，在蜻蜓飞行的时候，它们能看到自己的翅膀在身后舞动的情形。当然，蜻蜓视线中最清晰的地方还是限制在正前方60°的范围内。

研究人员用聚合体材料制作无数个极小的透镜，每个透镜后有一根细细的波导管，它们的端头连着负责识别图像的光电子传感器。为了获得360°的全景视场，科学家们要精心地制作两个半球状的复眼，然后将它们合起来形成一个360°的球形复眼。在监视系统中，使用这种复眼式镜头的监视器可以同时监视四面八方的每一个角落，一切尽收眼底，是一般监视系统所无法比拟的。

随着技术的日臻完善，这样的仿生眼有可能在未来制作得非常小，乃至于可以让病人像吞咽药物一样地吞进肚里，它传回的图像也是360°全视场的，比现在研制的类似装置要高明得多了。

昆虫的耳朵

法国著名昆虫学家法布尔，为了验证蝉有没有耳朵，做过一次实验。他把两门土炮架在大树下。蝉正在树上醉心地唱歌。轰！炮声响了。响声如霹雷一样，人都"震耳欲聋"，可是蝉却像是没有听到似的，照样唱个不停。所以法布尔当时断定：蝉是聋子，它没有听觉器官——耳朵。

蝉不是聋子，它也能听到声音，只是它的听觉器官与高等动物的耳朵不大一样。法布尔生活在19世纪，那时还没有什么测试昆虫听觉能力的仪器供他使用，再加上当时对声波的认识还不完善，只靠眼睛观察放炮后蝉的动静，因此得出了个不正确的结论。

不论哪种动物的听觉器官，能够接受的声波频率都有一定范围。人的耳朵可以听到每秒振动16～20 000次之间的声波，低于这个频率的次声波和高于这个频率的超声波都听不到。昆虫不但有着它们自己接受声波的范围，即使不同种类的昆虫对声波的接受能力也不相同，频率过高或过低的声音，它们不一定都能听到。蝉对同一种蝉的叫声接收能力比较灵敏，可是你在它身边喊叫、拍手，甚至像法布尔那样放土炮，它都满不在乎，就是这个道理。

蝉的耳朵并不像高等动物长在头上，而是长在腹部第二节附近，由比较厚的鼓膜和下面的1 500个弦音听觉芽以及上面的感觉细胞组成。当声波传到听觉器官上，再把信号传到脑子里，蝉就听到了声音。但由于这些听觉芽像丝一样延长，所能感受到的声波很有限，因此蝉的听力也很差。

不同种类昆虫的耳朵和在身体上的位置不一样，其听力也不同。

这里拿同属于直翅目的蝗虫和蟋蟀来做个比较。蟋蟀的耳朵长在前足胫节（小腿）的基部，从外面看像是一条椭圆形的细缝，表面有层发亮的鼓膜，每个鼓膜里有100～300个感觉细胞，鼓膜受到外部声波的冲击，将振频传入中枢神经，这时同类昆虫便可彼此呼应了。

蝗虫的耳朵长在腹部第一节的两边，像个半月牙形的小坑，里面有块像镜面一样的发达鼓膜，膜上还有个起着共鸣作用的气囊，每个鼓膜下有 60～80 个感觉细胞。不过蝗虫休息时，两个耳朵完全被翅膀盖住，只是在展开翅膀飞行时才暴露在外面，接受声音的能力才会更敏感。人们研究了蝗虫所能接受的声波后，已经可以用 15 000～20 000 赫兹的人工信号来招引蝗虫发出鸣声或起飞等一系列反应。

蟑螂属于蜚蠊目，是一种生活在家庭中偷吃食品、让人讨厌的昆虫。在人们猝然发现它的一瞬间，它便会迅速地逃掉，这是由于它们尾须上的毛状感觉器，像是一台高度灵敏的微波振动仪，能感到频率很低的音波，不仅能测到振动的强度，就连方向也能感觉出来。蟑螂能感受音波的尾须，只能说是耳朵的代用品。

夜　蛾

鳞翅目中的夜蛾（如黏虫、地老虎、甘蓝夜蛾等），它们的耳朵长在胸部和腹部之间的两侧，在节间膜部位的凹陷处，像个菱形的小洞，平时不易看到，只有表面那层透明鼓膜下面的鼓膜腔开始充气时才比较明显，里面有两个感觉细胞与鼓膜相连。夜蛾晚间飞行时，在距离它们的天敌——蝙蝠还有 30 米时，耳朵中的鼓膜与感觉细胞就已捕捉到蝙蝠发来的超声波。夜蛾感到大祸临头，便急速降低飞行高度，避开声波覆盖范围，从而保存了生命。

昆虫不仅到了成年时有着千奇百怪的耳朵，有些种类在童年（幼虫）时就有起耳朵作用的感觉器官——毛状感觉器。

毛状感觉器是由毛原细胞、膜质细胞和感觉细胞 3 部分组成。膜质细胞在幼虫的表皮上形成膜状毛窝，毛窝中生有一根空心刚毛，当刚毛受到空气振动或外部压力时，便把接收到的外界刺激传到感觉细胞的接触点，再由感觉神经传到中枢神经，使虫体产生出迅速而又有多种表现的反应来。

长有这种毛状感觉器官的，多为身披又长又密毛束的毒蛾科和枯叶蛾科幼虫。舞毒蛾幼虫的感觉毛能接收 $32～10^{24}$ 赫兹频率的音波，大致与暴雨欲来的雷声频率相同。这就使它们闻声后能即刻将身体蜷缩，防止从树上跌落下来。

知识点

声 波

声以波的形式传播着，我们把它叫做声波。声波借助各种介质向四面八方传播。在开阔空间的空气中那种传播方式像逐渐吹大的肥皂泡，是一种球形的阵面波。

除了空气，水、金属、木头等弹性介质也都能够传递声波，它们都是声波的良好介质。在真空状态中因为没有任何弹性介质，所以声波就不能传播了。

正弦波是最简单的波动形式。优质的音叉振动发出声音的时候产生的是正弦声波。

延伸阅读

法布尔与《昆虫记》

法布尔，法国昆虫学家，动物行为学家，文学家。法布尔的童年是在农村度过的，当时年幼的他已被乡间的蝴蝶与蝈蝈这些可爱的昆虫所吸引。

法布尔一生坚持自学，先后取得了数学学士学位、自然科学学士学位和自然科学博士学位，精通拉丁语和希腊语，喜爱古罗马作家贺拉斯和诗人维吉尔的作品。他在绘画、水彩方面也几乎是自学成才，留下的许多精致的菌类图鉴曾让诺贝尔文学奖获得者、法国诗人弗雷德里克·米斯特拉尔赞不绝口。

法布尔晚年时，《昆虫记》的成功为他赢得了"昆虫界的荷马"以及"昆虫界的维吉尔"的美名，他的成就得到了社会的广泛承认。法布尔虽然获得了许多科学头衔，但他仍然朴实如初，为人腼腆谦逊，过着清贫的生活。

《昆虫记》，又译为《昆虫世界》、《昆虫的故事》、《昆虫物语》、《昆虫学札记》，副标题为"对昆虫本能及其习俗的研究"。被称之为"昆虫的史诗"。它除了真实地记录昆虫的生活，还透过昆虫生活折射出人类的世界。

《昆虫记》共 10 卷，每卷由若干章节组成，绝大部分完成于荒石园。1878 年第一卷发行，此后大约每 3 年发行一卷。

原著内容如其名，首先最直观的就是对昆虫的研究记录。作者数十年间，不局限于传统的解剖和分类方法，直接在野地里实地对法国南部普罗旺斯种类繁多的昆虫进行观察，或者将昆虫带回自己家中培养，生动详尽地记录下这些小生命的体貌特征、习性、喜好、生存技巧、蜕变、繁衍和死亡，然后将观察记录结合思考所得，写成详细确切的笔记。

但《昆虫记》不同于一般科学小品或百科全书，它散发着浓郁的文学气息。除了介绍自然科学知识以外，作者利用自身的学识，通过生动的描写以及拟人的修辞手法，将昆虫的生活与人类社会巧妙地联系起来，把人类社会的道德和认识体系搬到了笔下的昆虫世界里。这是一般学术文章中所没有的，但却是文学创作中常见的。

昆虫的尾巴

动物中的飞禽走兽，都长有尾巴。不过不同种类的尾巴所起的作用各不相同。马的尾巴能驱赶叮咬皮肤、吸食血液的虻蝇；长尾猴的尾巴起着帮助攀缘的作用；袋鼠的尾巴不但能助跳，还能用它来支撑身体，进行格斗。

昆虫中也有不少种类，生长着起不同作用的尾巴。

衣鱼，俗名蛀书虫（属缨尾目衣鱼科），体小柔软，身披银灰色鳞毛，常栖息于书籍、纸张和衣物间蚀食。一旦被人发现，动作极为敏捷，转眼便"溜之大吉"，无影无踪。它们这种逃避天然敌害的本领，与生长在腹部末端的尾巴有着极为密切的关系。

衣鱼的尾巴，是三条分节的比身体还要长的尾毛的须须。这三条须须不但有着触觉功能，也是运动的附属器官。

衣鱼善于爬行在垂直的墙壁上，除肚子下面有着起吸附作用的泡囊外，尾巴总是紧贴着墙壁，上面那密集的短毛还起到助推和防止下滑的作用。

衣鱼为防止蜘蛛、蝇虎等天敌的捕食，停息时总是不停地摆动着尾梢，诱使天敌将注意力集中到尾梢上来，当尾巴被抓住，分节的尾毛即断掉，身体便可乘机逃脱。这可算是"舍尾保身"术吧。

跳虫属于弹尾目跳虫科，也有一条与身体差不多长的尾巴，不过它的尾巴只能做代替步行、加快逃跑速度的工具——弹跳器。

跳虫的尾巴，不是长在腹部的末端，而是长在腹部的下面。尾巴尖端分成两个带叉的附属器官。平时这个尾巴弹跳器挂在肚子下面的钩状槽内，要跳时，与弹跳器基节连接着的肌肉突然伸张，弹跳器脱出钩槽，向后下方弹去，借助接触地面时的反弹力，跳向高空。跳虫要想跳向远方时，便将弹跳器端部的小叉分开，起到接触地面时的均衡作用，不致使身体摆动或歪斜，增加了前冲力。

在鳞翅目昆虫中，也有一些种类的幼虫长着很明显的尾巴。天蛾科幼虫的第八腹节背板后方，延伸出一根又硬又长，像钉子一样的尾巴，由于它很像身体后面多出了一只角，人们便叫它尾角。

天蛾幼虫身体后的尾角，不是幼虫接近成熟时才长出来的，自从卵中胚胎开始发育时，它就有了雏形。当幼虫在卵中形成，将要孵出时，尾角也派上了用场。当幼虫在卵中旋转时，较坚硬的尾角与卵壁摩擦，将卵壳划破，幼虫便破卵而出。另外，它还能起到恐吓"别人"，保卫自己的作用。

杨二尾舟蛾属于鳞翅目舟蛾科。它的幼虫在腹部末端有两条能伸缩、还有着变色作用的尾巴。其实这种尾巴只能说是由皮肤延伸成的软套管，套管基部一段与幼虫皮色相同，前面又长又细的一段呈红色。不过带色的这段平时隐藏在基部的套管里，只有受到惊吓或外敌侵袭时，才利用腹腔充血的压力，猛然翻出，红缨招展，左右摇摆，

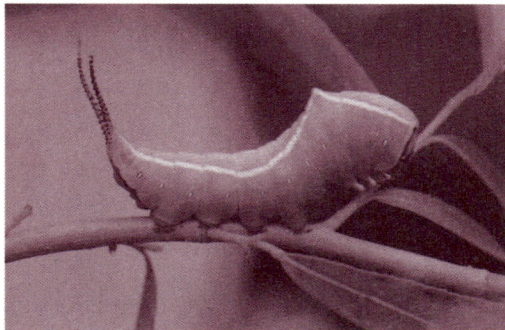

杨二尾舟蛾幼虫

好不威风。毕竟血液压力有限，不久便慢慢卷起，缩回到好似尾巴的套管中去。这种酷似尾巴，又不起尾巴作用的结构，人们叫它翻缩腺。

蜻蜓的交尾过程复杂而有趣，当雄蜻蜓的精子成熟后，第九腹节生殖孔中的精子，会自行移入第二腹节的贮精囊里，这时如遇到雌蜻蜓，便忽上忽下，时远时近，互相追逐，当两性靠近时，雄蜻蜓那细长的、腹部末端的夹子——抱握器，便猛然夹住雌蜻蜓的颈部，而雌性则用足抓住雄性的腹部，并将腹部

末端的生殖器，搭到雄性的贮精器官上。这就是蜻蜓在空中边飞翔边交配的全过程。不明真相的人们，总爱说成是蜻蜓在"咬尾巴"。

蜻蜓的腹部末端没有具备尾巴功能的结构，可是当雌蜻蜓体内的卵子受精后，它又总是尽量伸长尾部，在水面不时地点上几下。人们说是"蜻蜓点水，尾巴先湿"，看起来像是在耍什么特技，真实是蜻蜓在向水中产卵。

知识点

天　敌

　　在自然界中，一种动物甲被另一种动物乙所捕食或寄生而致死时，动物乙就是动物甲的天敌。例如猫头鹰捕食鼠类，鸟类捕食昆虫，寄生蜂寄生于昆虫等。害虫及害兽的大发生常受天敌所抑制。

▶▶▶ 延伸阅读

动物的断尾求生

　　我们很不情愿截掉身体的任何部分，除非到了不得不这样做的地步。然而，在动物王国里，断肢却是稀松平常的事。

　　壁虎在受到惊吓或者当你去捕捉它的时候，只要一碰到它，它的尾巴就会立即折断，壁虎也就乘机逃跑了。这种现象，在动物学上叫作"自割"，也称为"自切"、"自残"和"自截"。因为折断的一段尾巴里有许多神经，它离开身体以后，神经并没有马上失去作用，所以还会摆动，起了吓唬作用，有时能够达到自卫的目的。而断尾后的壁虎过不太久，尾巴又会再生出来。

　　动物抛弃身体的某个部位来逃离捕食者，听起来有点极端，但是自断肢伝来求生事实上是十分常见的。很多蜥蜴和蛇都会这样做，章鱼、蜘蛛甚至某些哺乳动物也一样：受到威胁时会自断它们的尾巴。海参受到捕食者攻击的时候，甚至会泄出自己的内脏。

当肢体或者器官与身体分离后，通常会很快就不再正常运作。例如，被砍头的人最多保持几秒的意识就会死亡。但是，豹纹壁虎的尾巴却不是这样。美国加里福利亚大学的蒂莫西·海哈姆和加拿大卡尔加里大学的卢塞尔通过实验发现，它们的尾巴在被身体遗弃后还能保持生命力30分钟。

昆虫的生殖器官

昆虫的腹部是长筒形。在腹部末端的第八或第九节上，生长着生儿育女的繁殖器官，雄的叫交配器，雌的叫产卵器。雄虫的交配器，大部分隐藏在第九腹节的体壁内，从外表看不到什么奇特的样子。雌性的产卵器，一般都裸露在体外，样子多变也很离奇。

昆虫的种类不同，所需要的产卵场所也不同，因此，产卵器官的外形构造也多种多样。

蝈蝈的叫声清脆悦耳，因而成为人们饲养的宠物。但要在野外捉几只蝈蝈，并不那么容易，它们生性喜欢在酸枣树、蒺藜苗等那些长刺扎手的植物上鸣叫，当你刚要走近去捉时，它便跳入杂草丛中，如果你拨开乱草寻找，找到的常常不是那英俊威武、善于唱歌的雄蝈蝈，而是笨拙丑陋、大腹便便、身

雌蝈蝈

体后面像挎着把马刀的雌蝈蝈。原来它是听到雄蝈蝈的鸣声后，赶来幽会的，没想到身轻灵巧的雄蝈蝈早利用它那翠绿色隐身术"逃之夭夭"了，雌蝈蝈反而成为顶替的俘虏。

古书上有"男出征，女耕织"的说法，意思是出征打仗要男儿冲锋陷阵，女儿在后方耕田织布。那么蝈蝈为什么是雌的挎刀呢？原来在它身后拖挎的那把像马刀形的东西，是用来划破地皮在土中产下过冬卵的产卵器。

蝈蝈的产卵器，是由三对骨化很强的产卵瓣组成的。两对扁平的产卵瓣，把另一对中央有条狭缝的产卵瓣包在里面。三对产卵瓣借助互相关联的滑缝，

组成一个中间扁宽、尖端稍细，并向上翘的很像是马刀形的产卵器官。

蝈蝈产卵前，也要四处游走，精心策划，选择个向阳避风而且比较僻静的地方，先用产卵器试探地表的软硬程度，感到合适时才把地面划破，把产卵器斜伸到土壤深处，这时它便借助于产卵器中间的滑缝，向着纵的方向移动的推力，把从腹部排出的卵粒产入土中。

呆头呆脑的雌蝈蝈产完卵后，也不知道修补一下产卵时在地面上留下的斑斑痕迹，便拖着它那已经合不拢的旧"马刀"和疲惫不堪的身体离去。那些在土中散乱着的，又没有任何东西保护的卵粒，常被严冬季节的暴风吹得裸露出来，遭到鸟类的啄食，损失了大半。那些埋得较深的，就依靠那层较厚的卵壳作保护，熬过严寒的冬天，待到春去夏来，百花盛开时节，孵化出一个个幼小的生命来。

蟋蟀和蝈蝈同属于直翅目，是一个大家族中的远房兄弟。可是蟋蟀的产卵器官却不是马刀形，而很像是倒拖着的一把"长矛"。这种"长矛"的构造比较简单，只由两块骨化较强的产卵瓣组成，中间的滑缝成为排卵的通道，产卵管的顶头像个三棱形的矛头，张开时酷似鸭子的嘴。

蟋蟀产卵时先摆好姿势，用六条腿支撑起身体，把产卵管几乎垂直地弯向下方，那鸭嘴状的矛头使劲往下锥，同时还在一张一合地运动着，在地上钻出个垂直的小洞。从体内排出的卵粒，通过产卵管，直接进入小洞的底部。

当第一粒卵产下后，蟋蟀为节省点力气，并不把产卵管拔出地面，而是将身体变换一下角度，使矛头偏离开先产下的卵粒，再依次产下第二、第三粒……直到身体不能再倾斜时，才将产卵管拔出地面，再锥、再产，直到把肚子里的上百粒卵全部产完，才算尽到了一生的职责。

饲养过蟋蟀的人们常说："二尾优，三尾孬。"这是挑选好斗、喜叫蟋蟀个体的标准。

蟋蟀有二尾、三尾之分，也叫二枚子、三枚子。凡是雄蟋蟀的腹部末端，只有一对多毛的尾须，如一对尾须之间再多出一根像是长矛状的产卵管，便是不会叫、不能斗的雌蟋蟀了。只要能认清这个明显的特征，就容易鉴别蟋蟀的雄雌了。

雌蝉把腹中的卵产在树木当年生长的嫩枝条上。蝉的产卵器官并不长，但是很锋利。产卵管是由一个带有倒刺和滑槽的中心片，两块带有锯齿的产卵鞘侧片组成，外面由革质化较强的第九腹板保护着。产卵时，雌蝉先用六条腿紧紧抱住树枝，伸出带锯齿的产卵鞘，刻划树枝的韧皮，并把木质部刺成小洞，带有滑槽的中心片借助腹部的压力，便把卵输送到小洞里，每洞产卵一两粒后，即移动产卵管，再重复前面的动作，直到把腹中的百余粒卵完全产出。一根细小树枝上约有20毫米长的范围内，被蝉产卵时锯得"皮开肉绽"。

蝉产完卵，只是完成了生儿育女责任的一半，于是后退到有卵枝条的下方，再用产卵器官上的锯齿，将枝条的韧皮锯出一条绕枝的圆圈。由于输导水分和营养的树枝韧皮被破坏，前面一段带有卵的枝条便会枯干。寒冬来临，北风呼啸，枯干的枝条自破口处折断，落在地面上并被吹来的尘土埋没。翌年夏初进入雨季，隐藏在枝条内的蝉卵，在长时期的干渴之后，现在通过卵壳吸足水分，促使内部的胚胎发育。不久白胖的幼蝉破卵而出，挣扎着钻出枝条上的裂缝。

幼蝉也不离开地面，而是用它带齿的前足，挖开土层去寻找赖以生存的"乳母"——树木的根，用它头上针状的嘴吸吮根内的汁液。蝉的这种产卵器官的构造，及其产卵方式和繁衍后代的行为，可算是达到了非常巧妙的地步。

危害小麦的叶蜂属于膜翅目，叶蜂科，它们的产卵管很像是一把带齿的锯，产卵时把足骑在叶子的侧面，伸出锯子，在叶片的两层组织间划出一条月牙形的小缝，把卵有次序地产在里面。这时可不能用力过猛，不然会把叶片刺穿而"前功尽弃"。刺穿叶片即使勉强产下，卵也会暴露在外，被天敌寄生或吃掉，落了个"儿死代绝"的结果。

叶　蜂

有着树木"卫士"称号的姬蜂，它能用头上的触角，在树干上敲敲打打，很容易地探测到隐藏在树干深处的天牛、吉丁虫等幼虫的确切位置。此时姬蜂似乎有了"囊中取物"、"唾手可得"的把握，便用足抓牢树干，摆出搭架子的姿势，前身下屈，粗壮的腹部连同产卵管高高举起，垂直地顶住树皮，头上的触角弯成锐角并紧贴在树皮上，像两根支柱，使整个身体像一台开钻前的钻井架。

井架支好了，由第三产卵瓣选好钻孔，撤出并举向上方，再由第一、二产卵瓣组成带有螺旋钻头的钻锥开始钻孔。坚硬的木质只靠压力钻不进去，6条摆成支架的腿便以钻点为中心开始转动，产卵管也随身体转起来。

就这样经过三四分钟后，约有2厘米深的木质被钻透，产卵管正好伸到树干内蛀食木材的幼虫身上，卵便顺着管中的滑缝产入幼虫体内。一只姬蜂要产下数十粒卵，就要探测到隐居树干深处的数十只幼虫，钻数十个产卵孔。可见姬蜂倒拖着的那根产卵管的功能之大、力量之强，令人叫绝。

也有些昆虫用来生儿育女的产卵器官，并不那么显眼，构造也较简单。如鳞翅目中的蝴蝶和蛾子，鞘翅目中的甲虫和双翅目中的蚊、蝇，它们的产卵器只是腹部末端逐渐变细的数节，互相套入，能伸能缩，这样的结构被人们称为伪产卵器。因为这些种的昆虫，并不把卵产在任何组织内，只是浅摆浮搁地把卵产在物体表面，不过这种产卵方式产下的卵，极可能会被多种天敌寄生、啃食，或受到风雨、干旱等自然灾害的毁坏，而不能转化为家族中的成员。

知识点

韧 皮

韧皮是维管植物（蕨类植物和种子植物）体内输导养分，并有支持、贮藏等功能的复合组织。位置在树皮和形成层之间，并内含有筛管。

植物体各器官中的韧皮部与输导水分的木质部共同组成维管系统。

被子植物的韧皮部由筛管和伴胞、韧皮纤维和韧皮薄壁细胞等组成。其中筛管为韧皮部的基本成分，有机物（糖类、蛋白质等）及某些矿质元素离子的运输由它们来完成。

韧皮纤维质地坚韧，抗曲挠能力较强。为韧皮部中担负机械支持功能的成分。

➡ **延伸阅读**

动物界奇特的生殖方式

世界上的动物千奇百怪，它们为了传宗接代，延续物种，在同大自然的抗争中，选择了各自不同的生育方式。

在亚洲东北部的一些河流里，生活着一种鳑鲏，在生育季节来临，它们就成双成对地游到河畔的栖息地，找到河蚌时，雌鳑鲏就把卵管插进贝缝，在里面产卵，雄鱼紧跟在后面，也在河蚌上排出精液。鱼卵就在河蚌鳃腔中受精，并开始发育，一直到变成小鱼，河蚌成了小鳑鲏的"保姆"。当小鱼快要离开河蚌而去独立谋生时，河蚌又悄悄地把自己的孩子寄放在小鳑鲏的鳃中，直到发育成幼蚌而落入水中，小鱼又成了河蚌的"保姆"。鳑鲏和河蚌就是这样互利互惠，互为"保姆"，从而完成生儿育女的任务。

墨鱼、章鱼和鱿的老祖宗是鹦鹉螺，它们同属于软体动物门头足纲，在海洋动物中是一个大家族，号称"头足类三兄弟"。令人遗憾的是，在它们的一生中只有一次生育机会，婚礼的结束也就意示着葬礼的来临。雌雄一旦交配完毕，就会失去食欲，7—10天内便相继死去。1个月后，卵才能孵化成幼儿，然而，它们永远见不到自己的亲生父母了。

杜鹃，又名布谷鸟，是著名的食虫益鸟，给人们留下了很好的印象。但是，杜鹃却有一段极不光彩的童年。

成年杜鹃既不会造巢，也不会孵雏，而是把自己的卵寄托给其他鸟类，代为孵化和养育。每逢繁殖季节，杜鹃就躲在苇莺、柳莺、云雀等其他鸟类的鸟巢附近，等待时机。杜鹃一看到哪个母鸟离巢，就赶紧飞到人家的巢里去产卵，产卵后马上飞走，有时杜鹃实在等不及了，就把卵产在地上，然后再寻找机会把卵衔到其他鸟巢里去。这样，杜鹃就算完成了生儿育女的任务而离去了。

小杜鹃在"养母"的怀抱里经过12天就出壳了，它用头和屁股把养母的亲生子女一个个拱出巢外摔死，最后只剩下它这个"独生子"，独享养母的哺育，直到20天后，小杜鹃才不辞而别，开始自己的新生活。

在欧洲的一些水系中，生活着一种银鲫，奇怪的是，在这种鱼群中竟没有一个"雄性公民"，是一个名副其实的女儿国。

没有雄性的鱼群是怎样完成传宗接代的任务呢？原来，银鲫在繁殖期间，一定要有其他种类鱼的精子夹刺激一下它们的卵细胞，它们就有了身孕，而精子并不参与受精过程，只是起一定的催化剂作用。经过精子刺激后的卵细胞通过自我分裂，又发育成雌性后代，这样经过长期演化，代代相传，形成了这个鱼类世界的女子社会。

昆虫的内部器官

呼吸系统

昆虫是以气管进行呼吸的，不断排出废气、吸进新鲜氧气以维持生命。

陆生昆虫除胸部外，腹部 1~8 节的两侧体壁上，各有 1 个用来呼吸空气的小圆洞，叫作气门。气门的构造也很复杂，为了防止外界不洁物质进入，周围有较厚的骨质气门片，这是气门的门框，框内有过滤空气的毛刷和起着开或关闭气门的栅栏，相当于气门的保险门。当昆虫进入不良环境或气候突变时，便立即关上栅栏门。气门的周围边缘还有着专门用来分泌黏性油脂的腺体，是防止水分进入气门内的特殊构造。气门连接着体壁下的主管道和布满全身支气管，将新鲜空气输送到各个组织细胞中去。

生活在水中的昆虫，为适应特殊的生活环境，生长在身体两旁的气门退化了，而位于身体两端的气门相对发达。

如危害水稻的根叶甲，是以腹部末端的空心针状呼吸管，插入稻根的气腔内，借助稻根中的氧来维持生命。

龙虱的前翅下有贮存空气的气囊，当吸满空气后再潜入水中，便可长时间维持生命。空气接近用完时，便又上升到水面，以腹部末端翅鞘下的气孔透过水面膜，尽量充满翅鞘下的囊袋后再潜入水中，完成觅食、交配和产卵等生活过程。

牙甲是通过触角刺破水面膜，吸入空气来充满腹面下方由许多拒水毛团绕着的气泡。水生昆虫体外携带着的气泡，不仅能够供应氧气，而且实际上形成一种物理鳃，用来吸收水中的氧。

有一种叫作蝎蝽的水生昆虫，它们用来呼吸空气的是尾端拖着的那根细长管子，当它穿过水面膜时可进行呼吸。

由于它们的身体细长，能贮氧的体积有限，因此常借助水生植物的茎秆，将身体固定住进行呼吸。有些种类的水生昆虫的幼虫，是通过身体两侧多毛状的气管鳃吸收水生植物进行光合作用后放出的氧来维持生命。

昆虫身体的内部构造，除气管和用来繁殖后代的精巢或卵巢外，还贯穿着完整的消化系统、神经系统和循环系统。

消化系统

昆虫的消化系统是前连口腔、后达肛门的近似管状的构造。整个消化系统可分为三大段，即前肠、中肠和后肠。前肠的构造较为复杂。当昆虫进食前，食物经过口腔、咽喉、食管再送入嗉囊。生长着咀嚼口器的昆虫，在嗉囊之后还有一个用来磨碎食物的砂囊；生长着刺吸式或虹吸式口器的昆虫，因为吃到嘴里的食物是汁液，用不着再磨碎这道工序，沙囊也就退化了。

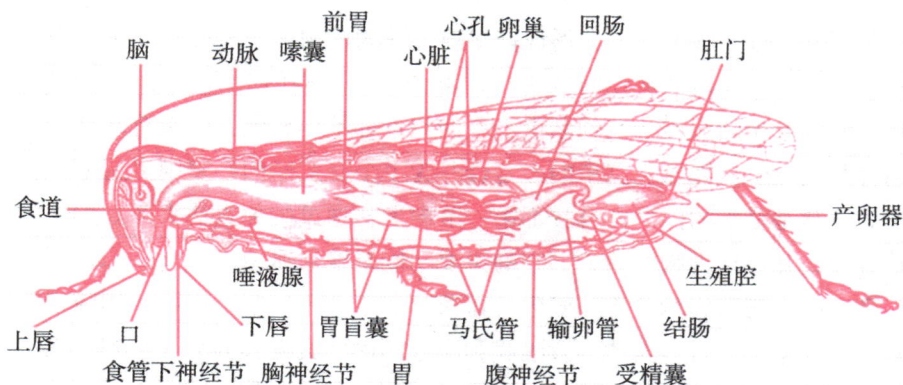

昆虫的消化系统

前肠之后紧接中肠（也叫胃），是消化食物的主要器官，同时也起着吸收已磨碎了的食物中营养的作用。中肠所以能消化食物，是依靠肠壁分泌的、含有比较稳定的酸性、碱性消化液进行的。

中肠末端连着后肠，后肠按其功能又可分为回肠、结肠和直肠三部分。这一大段主要起着水分的吸收、粪便的形成和把粪便通过肛门排出体外的功能。

昆虫的粪便因种而异，其造型过程也是在后肠中完成的。

神经系统

昆虫的运动、取食、交配、呼吸、迁移、越冬、苏醒等一切生命活动主要是由神经系统来操纵的。神经系统的主要部分是中枢神经，它起着总调控和指挥的作用。由中枢神经上的各个神经节分出神经系通到内脏、肌肉及身体的各部位，并与所有感觉器官相连接。

神经活动的物质基础是神经细胞，各神经细胞间因极其复杂的相互接触，将接收到的不同刺激信号传导开。在这种传递过程中，身体内的乙酰胆碱和胆碱酯酶两种物质起着十分重要的作用。没有这些物质的活动，神经和一切生理机能便都会失控，如果真到那时，生命也就中止了。

循环系统

昆虫循环系统的主要器官是背管，位置在身体的背面中央，纵行于皮肤下方。昆虫的循环系统主要由心脏、大动脉、隔膜三大部分所组成。心脏是背管的主要部分，位于腹部一段，形成许多连续膨大的构造——心室。每个心室两侧有一对裂口，是血液流动时的进口，称为心门，心门边缘向内陷入的部分是阻止血液回流的心瓣。每种昆虫心室的数量都不尽相同，一般有八九个，也有的合并或更多。如虻类昆虫的心室合并为1个，蜚蠊的心室则多达13个。

大动脉是背管的前段，自腹部第一节向上，通过胸部直达头部。大动脉的前端分叉，开口于大脑的后方，它的主要功能是输送血液。

昆虫的内部器官均位于体腔内，血液分布于整个体腔，因此，体腔也就是血腔。血腔由生在背板两侧的背隔膜和腹板两侧的腹隔膜分为3个窦。围心窦在背板下方，背隔上方，背管从中间通过。围脏窦在背隔与腹隔之间，消化道从中通过，并容纳着生殖器官。围神经窦在腹隔的下方，腹神经索从中间通过。

在腹部背隔内的背管心脏部位由两层结缔组织膜构成，中间是环形肌，这些三角形的肌纤维由背板两侧达心脏腹壁，成对地排列着，这组结构叫做翼肌。翼肌的多或少与心室的数量相等。

昆虫的血液循环，全靠心脏的跳动，通过心壁肌有节奏地收缩，先自后心室逐个将血液压送到前心室，如此不停地循环，维持着昆虫的生命。

除双翅目摇蚊幼虫等少数昆虫因含有血红素而呈红色外，大多数昆虫的血液为无色、黄色、绿色、蓝色或淡琥珀色。

昆虫的血液其实一个运送营养物质和代谢废物的内部介质，所以又称血淋巴，由血浆和血细胞组成，因呼吸作用在气管中进行，故昆虫的血液无呼吸色素。

昆虫的血液也常有各种颜色，常见的有黄色、橙红色、蓝绿色和绿色等，它们血液中所含的色素物质使得其血液呈现出特定的颜色，如大天蚕蛾中有 α－胡萝卜素、核黄素和黄素—核苷酸；家蚕中的黄酮、荧光素和叶酸；菜粉蝶的幼虫血液的绿色是因为黄色蛋白（其辅基为 β－胡萝卜素和叶黄素）和一种蓝色蛋白（其辅基为胆绿素）共同存在的结果。

在散居型飞蝗绿色血液中也有类似的成分，但是，一种绿色蜡的绿色血液是由于一种 β－胡萝卜素—蛋白复合体和一种近似花青素存在的结果。昆虫血液中的这些色素一般认为是从食物中获得的。

另外，昆虫血液的颜色有的还与性别有关，如菜粉蝶的幼虫、蛹和成虫的血液，雌的为绿色，雄的则为黄色或无色。

综上所述，一只小小的昆虫有着如此多功能的节肢和复杂的输导网络，可称得上五脏俱全了。

知识点

嗉囊

脊椎动物鸟类食管的后段暂时贮存食物的膨大部分，称为嗉囊。食物在嗉囊里经过润湿和软化，再被送入前胃和砂囊，有利于消化。

嗉囊有单个的，如鸡，或成对而横位扩张，如鸠。麝雉的嗉囊壁为肌肉质，对其中贮的粗糙树叶，能起一定的机械磨碎作用。鸭和鹅虽无嗉囊，但食管在该处略呈纺锤状膨大。鸽的嗉囊在育雏期间能分泌乳汁，称"鸽乳"，用以哺育雏鸽。

无脊椎动物如蚯蚓、蛭类和昆虫的食道后面的膨大部分也称为嗉囊。蛭类的嗉囊特别发达，两侧生有多对盲囊，用以贮存吸食宿主的血液。

延伸阅读

不用鼻子呼吸的动物

气管、肺是人的呼吸气官。如果把嘴抿住，鼻子可以畅通无阻地进行呼吸。可是在动物界中的昆虫没有鼻子，它们又是怎样进行呼吸的呢？

昆虫既不用鼻子呼吸，也不用嘴呼吸，而是用气管系统进行呼吸。在昆虫的胸部和腹部两侧，有10对排列得很整齐的小孔，叫气门。每个气门都向体内连通着一条气管，气管分成许多支气管，支气管又分成许多微气管，达于体内各组织之间。

昆虫的呼吸就是通过气门跟外界交换气体的。空气进入气门，主要是靠腹部的张缩来完成的。当腹部扩张时，胸部气门张开，腹部气门关闭，完成吸气；当腹部压缩时，胸部气门关闭，腹部气门张开，完成了呼气，所以体内的气流总是由前向后的。当有毒的气味，通过气门从气管带到全身组织时，昆虫就会死亡。人们正是利用昆虫的这种呼吸原理，采用毒药、毒气，杀灭害虫。外界气温较高时，药效显着增高，若在毒气中加入少量二氧化碳，可促进昆虫的气门开放，加速呼吸运动，进一步提高杀虫效果。

还有一些更加奇特的呼吸现象：松花江鲈鱼、鳗鱼，在潮湿的环境中，可以利用皮肤进行呼吸，经历三四天不致死亡。

青蛙也能用皮肤呼吸。青蛙的皮肤柔软，有黏液腺分泌黏液，经常保持皮肤湿润。同时，皮肤内还布满血管，流经皮肤血管的血液，通过湿润的皮肤，可与外界进行气体交换，吸进氧气，排除二氧化碳。

黄鳝、泥鳅、弹涂鱼可以用口腔和咽腔进行呼吸。泥鳅从嘴里吸进的空气经过肠子，肠壁上的许多血管就吸收里面的氧气。黄鳝、弹涂鱼的口腔和咽腔内壁有血管，可以吸收空气中的氧气。

澳洲、非洲、南美洲的肺鱼，在池塘水干涸时，能用发达的鳔进行呼吸。鳔与食管相连，内壁布满血管，吸收空气中的氧气。

昆虫的变形

有些动物的一生要经过几十年，昆虫的一生往往只在很短的时间里度过。一般的一年过完两三代，有的一年内能完成好多代，危害棉花的蚜虫，一年中就要过完20—30代。有些种类完成一代需要一年或者稍长一点时间，如危害花生等作物幼苗的黑绒金龟子，一年完成一代；危害桑树的天牛，两三年完成一代。但是，在这短短的时间里，要经过复杂的、有规律的变化，这是其他动物中十分罕见的。

一只刚从卵里孵化出来的小虫，它的形状和身体的构造如果和成虫不一样，那么在它的生长过程中，就需要经过多次不同的变化。这些变化叫作变态。

有的昆虫从卵里孵化出来后，样子同成虫差不多，变态就简单；有的相差很多，变态就复杂些。因此昆虫的变态可根据简单与复杂大致分为四类。其中完全变态和不全变态，代表着昆虫中绝大部分种类。比完全变态更复杂的过变态和比不全变态更简单的无变态是比较少见的变态类型。

完全变态

又叫全变态这类昆虫从卵里孵出来后，幼期的生活习性和结构同成虫完全不同，在一个世代中有 4 个完整的虫态：卵、幼虫、蛹和成虫。卵孵化出来的幼虫，经过几次蜕皮变作蛹，由蛹再变为成虫。这类变态的昆虫在害虫中占着很大的数量，如黏虫、玉米螟、菜青虫、蚊、蝇、金龟子等都是。

全变态昆虫的幼虫和蛹从形态结构上来看，可以再分为一些不同的类型，这些类型能帮助我们认识不同分类范畴里的昆虫种类。

无头型幼虫。头和足已经退化，身体只能见到一个分节不太明显的圆锥形筒，利用节间的伸缩向前蠕动，吃东西时利用锥形的嘴钻

玉米螟

到食物里去，大部分蝇类的幼虫就是这样。

无足型幼虫。有明显的头，可是足看不见了，因这类幼虫都是过着比较固定的生活，不用经常移动，足就慢慢地退化了。危害甜菜的象鼻虫幼虫，潜入桃树叶里危害的桃潜叶蛾幼虫，危害树木韧皮部的小蠹幼虫，钻蛀木材的天牛、吉丁虫幼虫和木蠹蛾等的幼虫，都是这个类型。有些书上把无头型和无足型归纳在一起称为无足型。

真幼虫型（也称为寡足型，就是有足但比较少的意思）。有明显的头，有3对发达的胸足，叫作真足，腹部的足没有了。移动的时候用胸足拖着身子。危害茄子的廿八星瓢虫的幼虫、危害瓜类的黄瓜守幼虫就是这个类型。

蝎型幼虫，也叫多足型。有明显的头，胸部有3对胸足，腹部有2~5对腹足的，如菜青虫和黏虫的幼虫。有8对腹足的幼虫，是膜翅目叶蜂类的幼虫，如危害麦子的麦叶蜂等。

幼虫老熟以后，就要寻找隐蔽的场所化蛹，到了蛹期就不会再移动了。

全变态的昆虫，不但幼虫期和成虫期在形态和结构上不一样，就是在生活习性上也不一样。黏虫的幼虫以庄稼的叶子为食料，成为农业上的大害虫，可是它变为成虫以后，就不再危害庄稼而只吃些花蜜。叩头虫的幼虫是危害庄稼苗子的金针虫，可是成虫期就很少吃庄稼，只取食腐烂的物质。

稻飞虱

不全变态

也叫作渐进变态。这类昆虫的幼期从卵中孵化出来以后，身体的形状、结构和生活习性大体上和成虫相像，只是经过几次蜕皮后，逐渐长大，比较显著的是翅膀由小翅芽发育到能飞的大翅膀，生殖器官由不成熟发育到成熟，中间没有显著的变态，也就是在幼期到成虫之间，没有经过蛹的时期。

这类昆虫在害虫中有许多种，如蝗虫、棉蚜、稻飞虱等。幼虫期在水中生活的种类，如蜻蜓、蜉蝣等也属于这一类。不完全变态昆虫的幼期生活在陆地上的叫若虫，生活在水中的叫稚虫。

过变态

以红眼黑盖虫（芫菁）为例。它的成虫是大豆、菜豆和土豆等庄稼的害虫，可是它们的幼虫却是专门吃蝗虫卵的益虫。这种虫子的一生变化比全变态更复杂，幼虫型也不完全一样。第一龄幼虫长着长腿，这是为了适应寻找食料的需要。当找到了蝗虫的卵块作为一生的食料后，长腿不再有用，到了第二龄时就变成了短腿。过冬的时候为了防寒，又变成有硬壳的假蛹。来年春天再变成真蛹，羽化为成虫。这种变态叫作过变态或者复变态，意思是比完全变态又复杂了些。

无变态

这一个类型的昆虫，从卵里孵化出来以后，身体的形状和成虫十分相似，从幼期到成虫没有翅芽长成大翅的变化，只是由小长到大，生殖器官由不完全到发育成熟。咬衣服和纸张的衣鱼，还有跳虫、双尾虫，就属于这类变态，一般叫作无变态。

在常见的农业害虫中，很少有这种变态的种类。

知识点

孵 化

孵化是发生于卵膜中动物胚胎，破膜到外界开始其自由生活的过程。孵化一词，一般虽指卵生动物，但也适用于卵胎生动物。

破膜时除各种机械作用外，大多数动物的胚胎，还证明有孵化酶的存在。这里的机械作用，除指胚体的屈伸动作外，尤其卵膜外裹有卵壳的一些动物，具有破坏卵壳的卵齿（例如鸟类、昆虫类中的某些昆虫）。孵化时的发育状态可因动物的种类不同而有很大的差异。大多数动物，孵化时已有相当程度的器官分化，也有最早孵化的，如海胆，在囊胚期便开始了孵化。

►►► 延伸阅读

动植物的卵细胞

大多数动物的卵是一个大型的单个细胞，贮存有大量的营养供胚胎发育所用。

卵的直径在人和海胆中约为 0.1 毫米，鱼类和两栖类中约为 1~2 毫米，鸟类中可以达到几厘米甚至十几厘米。

卵的细胞质中富含蛋白质、脂类和多糖的营养成分称为卵黄，它们通常存在于卵黄颗粒中，有的种类中卵黄颗粒外还有膜包围。在体外孵化的种类中卵黄的体积可达卵的 95% 以上。卵的外面具有外被，其成分主要是糖蛋白，是由卵细胞或其他细胞分泌的。在哺乳动物中这种外被叫作透明带，其作用是保护卵子，阻止异种精子进入。

高等植物卵细胞的形成过程发生在雌蕊子房的胚珠里。胚珠里面有一个胚囊母细胞，胚囊母细胞经过减数分裂，产生 4 个细胞，其中 1 个较大的细胞发育为胚囊细胞，3 个较小的细胞没有发育前途而解体。

胚囊细胞的核经过 3 次连续的有丝分裂，形成"七胞八核"的胚囊，这 8 个核的染色体数目都与胚囊细胞相同，是胚囊母细胞的一半。和生殖细胞直接相关的是位于近珠孔处的一个卵细胞，还有位于胚囊中央处的两个极核。

卵细胞受精后形成受精卵，两个极核受精后形成受精极核，这种受精方式称为双受精，仅见于被子植物。

昆虫的一生

昆虫由小到大，大部分种类都要经过几个不同虫态的变化。从卵里孵出幼小虫体的过程叫孵化。幼小虫体经过几次蜕皮，慢慢地由小长到大，长到最大的时候叫老熟幼虫。全变态的老熟幼虫在变作成虫以前，中间还要有个蛹期。由老熟幼虫到变蛹的过程叫化蛹。蛹期虽然不吃不动，但内部却发生激烈的变化，因此蛹期是昆虫由幼虫到成虫的转变阶段。最后由蛹变成能跳会飞的成虫过程，叫作羽化。在变化过程中，卵、幼虫、蛹和成虫的形态都不相同，每个不同的形态叫作一个虫态。

卵

卵自身不能移动，因此，成虫产卵的时候需要选择适宜后代生存的地方，一般是把卵产在可以供应幼期吃住的寄主处。

不同种类的昆虫，产的卵也不相同，有的单粒散产，如危害大豆的天蛾；有的许多粒产在一起叫作卵块，如玉米螟、黏虫的卵；有的许多粒产成一堆，如蝼蛄的卵。当卵成块或成堆产下时，成虫常用种种方法加以保护，有的在卵块上覆盖有分泌物所形成的保护层，如苹果巢蛾的卵块；有的在卵块上覆盖着成虫身上脱落的鳞毛，如三化螟和毒蛾的卵块；蝗虫则把卵产在分泌物所形成的泡沫塑料状的卵袋里。

昆虫发育模式图

卵的形状有的长，如白粉蝶的卵；有的圆球状，如花椒凤蝶的卵；有的扁形像个西瓜子，如玉米螟的卵；有的许多粒在树枝上排列成指环形，如天幕毛虫的卵。有的卵粒很大，如金龟子的卵，在卵壁内贮备了胚胎发育时所需要的大量营养物质；有的卵粒很小，如卵寄生蜂，能用产卵管把它的形体很小的卵产在其他昆虫的卵内。

不论哪种形状的卵，它们的构造大致相同，外面包着一层坚硬的皮，叫作卵壳，起着保护的作用，靠近卵壳里面的一层薄膜，叫卵黄膜，里面贮藏有营养的原生质和卵黄；中间有个细胞核，在适宜的温湿度下经过一段时间的发育，成为胚胎。

在放大镜或显微镜下细看，在卵的顶端有个小孔，叫作卵孔，是雄雌交配时精子进入卵内的通道。各种卵壳上都有不同形状的条纹、短毛和刺。靠近卵

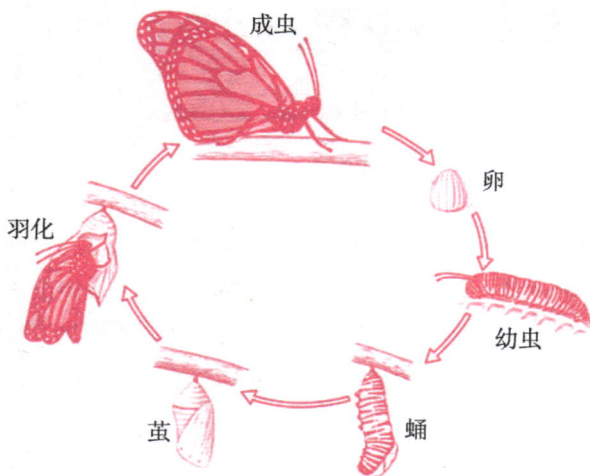

昆虫的卵

孔周围有各种花瓣形的纹，叫花冠区。花冠区的外围有各种纵棱和横格。从这些特征可以区别不同种类的卵。

卵期是昆虫胚胎时期。从卵的外表看似乎是静止的，其实内部在进行着激烈的变化。

一般昆虫刚产下来的卵是白色、淡黄色或者淡绿色的，过些时候便变成灰黄色、灰色或者黑色，颜色的变化是卵里面的胚胎发育引起的。胚胎发育成熟以后，卵壳里的幼虫便用牙齿或头上的角、背上的刺把卵壳咬开或划破，先把头伸出来，然后全身爬了出来。

卵的孵化时间很不一致，有的在白天孵化，有的在天黑以后或者晚上才孵化。

害虫的卵期，尚不能造成危害，我们应该设法在卵期消灭害虫，把害虫消灭在为害以前。

幼虫

全变态种类幼虫的身体构造比较一致。生长在最前面的是头，头部比较明显的附肢是嘴和触角。不过幼虫时期的触角比起成虫来要短得多。头后面是胸，分为三个小节，每个节上长着一对足，将来就变成成虫的三对足。胸部后面到尾部的一段比较长，一般有十节，叫作腹部。鳞翅目的幼虫一般腹部长着五对足，如黏虫的幼虫，中间的四对叫腹足，从腹部的第三节到第六节每节都长着一对腹足，最后面的一对叫做尾足。有的只有一对腹足，长在第六节上，如槐树上的尺蠖，又叫步曲，俗称"吊死鬼"。腹部上的这些足在幼虫时期才有，变为成虫以后就消失了，因此也叫作假足。

腹足长得又粗又圆，在足的下面长着许多肉眼看不清的小钩，叫趾钩，幼虫就是依靠腹足上的这些小钩在寄主上爬行。

幼虫身体上还有各种形状的毛，叫作刚毛，有的像丝，有的像刺，有的像羽毛。此外，还有顺着身体纵行的不同颜色的条纹和花斑，在中央的一条叫背线，背线下面的一条叫亚背线，亚背线下面气门上面的一条叫气门上线，气门上的一条叫气门线，气门下面的一条叫气门下线，再下面的一条叫亚腹线，两只腹足中间的一条叫作腹线。

幼虫期是昆虫的主要取食阶段，一般这个阶段经历的时间也比较长，因为幼虫期是为以后各虫态发育储备营养的基本虫态。

蛹

是完全变态类幼虫过渡到成虫的一个中间虫态。幼虫老熟后，便停止取食，并将消化系统中的食物残渣完全排出，进入隐蔽场所准备化蛹。幼虫在化蛹前呈安静状态，这段时间叫作预蛹期。这时昆虫身体的外部结构在旧的表皮下，经过急剧的变化，然后蜕去幼期虫态的皮化作蛹。

蛹期是昆虫发育过程中的又一个相对静止时期。这时的内部器官正进行着根本性的改造，先破坏掉幼虫时期的绝大部分内部器官，以新的成虫形态的器官来代替，担任这种破坏任务的，是血液中的血细胞。幼虫期强烈取食所积累的营养物质，是蛹期生命活动能量的来源。

昆虫在蛹期完全不动或少动。鳞翅目昆虫的蛹，只有腹部的第四到六节可以前后左右摆动。蛹的外面也包着一层透明的皮，在蛹将要化为成虫以前，一般从皮外就可看到成虫的模样了。

蛹的最上面是头，头上有一对大眼和下颚须，中间的一段大部分是胸部，胸上的附肢大部分在前面抱着，并把腹部的一部分盖住。这一段里有下颚须、三对胸足、触角和将来变成翅膀的部分，这些附肢下面是腹部第四节。在腹部第八或者第九节上有个小洞，是将来成虫的生殖孔，我们可用它来辨别雌雄。这个小洞生在第八节上的将来变成雌蛾，生在第九节上的将来变成雄蛾。第十节以后的末端有些小毛或刺，叫作臀棘，用以扒住茧或者贴在物体上。

有些种类的蛹外面包着一层东西，有的是老熟幼虫身体上分泌的黏液和泥土的混合物，有的是幼虫老熟的时候吐出来的丝，这层东西叫作茧。茧的用途是保护蛹的安全，预防气候突然变化。

蛹的形状很多，大致可以分成三种。

裸蛹：在这种蛹上，可以看到一些将来变为成虫时期的附肢裸露在外面，这些附肢虽然紧贴在蛹体上，可是又彼此游离能够自由活动，如蛴螬和许多种叶、象鼻虫的蛹都是这样，其中主要是鞘翅目和膜翅目昆虫的蛹。

被蛹：成虫时期的附肢，被一层坚硬而又透明的皮包着，虽然外面能看到附肢的影像，但附肢不能自由活动，如蛾类和蝶类的蛹。蝶类的蛹由于附着在物体上的形式不同，还可再分为带蛹和垂蛹。蝴蝶的老熟幼虫找到适当的化蛹

蚕　蛹

地点以后，先在物体上吐些有黏液的丝，再将腹部末端与丝粘住，同时为了使头部向上避免掉下来，又围着身体和附着物牵上一根带子一样的丝，因此叫做带蛹。另一种蛹只是用黏液状的丝将腹部末端与物体粘连着，头向下倒垂着，叫作垂蛹。

围蛹：这种蛹被末龄幼虫的一层皮包着，不只身上的附肢不能活动，而且从蛹皮外也看不见，例如双翅目蝇类的蛹。

成虫

成虫是昆虫一生中的最后一个阶段，其主要任务是交配、产卵以繁殖后代。有许多种昆虫在成虫时期，生殖腺体已经成熟即能交配产卵，当完成生殖任务后即死去。但还有些种类的昆虫，刚羽化后大部分卵尚未成熟，还要经过取食，积累卵发育所需要补充的营养。

昆虫到了成虫期，样子已经固定，不再发生变化，这时雄雌性的区别也表现出来了。雄的触角一般比雌的要发达，感觉器也较多，这些感觉器能在很远的距离嗅到雌性生殖腺所散发的气味而被诱来交配。

如小地老虎雌蛾触角为线状，雄蛾则为羽毛状；一种金龟子雄虫的触角显著比雌虫的大，上面有感觉器5万个，能在700米内找到雌虫，而雌虫触角上的感觉器只有8 000个。此外，有的还表现在生活方式和行为上，如蝗虫、蝉、螽蟖等雄虫能鸣叫，可是雌虫没有这种能力。相反，雌虫能挑选将来幼虫所适应的寄主去产卵，有的种类如蝼蛄、螳螂等雌虫对所产的卵和三龄前幼虫加以保护和饲养，这是雄虫所办不到的。

雄虫的身体一般比雌虫小而活跃，颜色比较鲜艳。这些现象到成虫期都达到了高度的发展，因此区分昆虫种类时常常以成虫为依据。

许多成虫不危害或危害不大，但却能大量繁殖后代，令危害蔓延。所以我们要特别注意消灭害虫的成虫。

一只昆虫从卵孵化成为幼虫。幼虫期要蜕几次皮，每蜕一次皮就增加一龄，就像高等动物长大一岁一样。刚从卵里孵出来的小虫叫第一龄，蜕过第一次皮叫作二龄，蜕过第二次皮叫三龄，照此推下去，把幼虫蜕皮的次数加上一就是幼虫的龄期。从蜕完第一次皮到蜕第二次皮之间的时间叫作龄期。幼虫蜕皮的次数不完全一样，有的蜕两三次皮，有的蜕五六次皮，大部分蜕四五次。幼龄幼虫食量小，一般尚未造成严重危害，抗药力也小，所以最好把害虫消灭在幼龄期，有些害虫要消灭在三龄前。

前面说过，昆虫的一生要经过卵、幼虫、蛹和成虫（有的没有蛹）几个虫态。一只昆虫完成了这4个虫态，就算过完了一个完整的世代。如危害白菜的白粉蝶，从成虫产下来的卵，经过吃青菜的幼虫，变成不能移动的蛹，最后羽化为会飞的白粉蝶，这就是菜青虫的一个世代。

不论哪种昆虫，一般说一年中发生的世代越多，危害的时间也就越长，造成严重危害的可能性也就越大。

知识点

胚 胎

胚胎是专指有性生殖而言，是指雄性生殖细胞和雌性生殖细胞结合成为合子之后，经过多次细胞分裂和细胞分化后形成的有发育成生物成体的能力的雏体。

胚胎的发育过程是一个极为细致复杂的过程，是细胞和组织按照一定的顺序进行分化的过程，在这个过程中任何一个环节受到干扰，就会导致各种畸形。特别是器官迅速分化发育时，最易受到致畸因子的干扰。

延伸阅读

昆虫的蜕皮

昆虫为什么要蜕皮呢？因为昆虫不具有高等动物的骨骼系统，在它们的身体上担负着骨骼作用的构造是体壳，体壳兼有皮肤和骨骼两种作用，因此叫作外骨骼或体壁。体壁在昆虫身体各部分的厚薄不同，厚的和硬的部分叫作骨片，薄的软的部分叫膜。

由于这层皮的限制，当幼虫长到一定阶段虫体不能再长大，就要蜕掉旧皮，换上新皮才能继续生长。昆虫蜕皮就成为生命中不可少的环节。由于昆虫的皮是由新陈代谢的产物造成的，所以蜕皮也有排泄的作用。蜕去的皮只是表皮层而真皮细胞并不蜕掉。刚蜕去皮的幼虫抗药力较弱，很多种幼虫又有吃去所蜕的皮的习性，所以在害虫蜕皮期间施药效果较好。

昆虫的皮虽然很薄，但分层结构还很复杂。一般分为上表皮、外表皮和内表皮三层，上表皮是最外面、最薄的一层，它对阻止水分和农药进入体内起着重要的作用；外表皮是骨化层，骨片的硬化部分就在这里发生，因此颜色也偏深；内表皮最厚，有些种类还可分为许多层。

昆虫要蜕皮时生理上发生了变化，最先表现的是停止取食，然后找个适合的地方，用足紧紧抓住，不吃不动地过上一段时间。在这段时间里，身体内的分泌器官分泌出一种叫激素的物质，把旧皮和真皮细胞分离开，在旧表皮下面渐渐形成新的表皮。新表皮形成后，便用力收缩腹部肌肉，同时吸进空气，使胸部膨胀向上拱起，用来压迫旧头壳和胸部背上表皮特别脆弱的地方，把旧头壳顶下来或者从背上裂条缝，然后靠着身体的蠕动，先把头和前胸蜕出来，以后胸部、腹部慢慢地把旧皮蜕掉。在水中生活的昆虫要蜕皮时，除了身体内部产生蜕皮激素以外，还借在水中呼吸空气的气囊压力，使身体膨胀，压迫背部裂条缝把皮蜕下来。

昆虫蜕下来的皮是背部有裂缝的空皮筒。昆虫什么时候蜕皮和蜕皮所需要的时间各不相同。有的5分钟就能蜕下来，如蚜虫；有的需一两个小时，如蝈蝈；有的半天到一天才能蜕完。

昆虫刚蜕完皮后，新表反的颜色很浅，也很柔软，但通过很短时间就会变暗变硬。这个过程实际上是上表皮中的蛋白质被鞣化的结果。昆虫蜕皮后，内表皮还很薄，随着身体的生长也在不断地加厚。除此以外，不同种类昆虫的表皮上还会生长着不同形状的刚毛和枝刺，有的还能分泌蜡质。昆虫就借着这些附属物和表皮来保护身体内的水分，减少消耗，避免外界的有毒物质浸入身体并防止表皮受到损伤。

植物的敌人与朋友

在地球上，动植物之间有着极其密切的联系，而昆虫，作为动物的一个古老物种，更是不例外。早在地球远古的泥盆纪时期，昆虫就开始大量迁移到更加适于它们生活的陆地上，因为以陆地作为栖息场所可供选择的环境更为广泛，而且动植物种类繁多，食物丰富。而大多数昆虫主要是以采食植物为生的。

正是因为昆虫与植物之间这种从古至今的不解之缘，才逐渐形成了一种昆虫与植物相互作用的特殊存在形式，动物和植物就这样在相互作用的过程中，共同进化了4亿多年。在这些昆虫中，有的帮助它们传授花粉，是朋友；有的则专门破坏它们的生长，是敌人。

七星瓢虫

瓢虫可能是你小时候最早认识的昆虫之一。因为瓢虫的形状很像用来盛水的葫芦瓢，所以叫它瓢虫。它的身体很小，只有一粒黄豆那么大。它是一种像半个圆球那样的小甲虫，坚硬的翅膀，颜色鲜艳，还生有很多黑色或红色的斑纹，讨人喜爱，在我国有的地区叫"红娘"，也有些地区叫它"花大姐"。

它爬行的时候，稳重、缓慢，当人们捉到它放在手心上，它会顺着手指向指尖爬去，然后，就张开翅膀飞走，向天空逃遁，所以日本人民也称它为"天遁虫"。

瓢虫有两层翅膀。外面的一层已经变成硬壳，只起保护作用，所以叫作鞘翅。鞘翅下面还有一层很薄的软翅膀，能够飞翔。瓢虫的种类繁多，鞘翅上的颜色和斑纹也很复杂。

瓢 虫

瓢虫属于鞘翅目瓢虫总科，在昆虫家族中称得上是一个大类群，世界上已知约有 5 000 种，仅分布于中国并经研究记载的也已达 350 种之多。

瓢虫类群中有一种与人们接触较多的种类，孩子们常捉来玩耍，并编有顺口溜："小小甲虫，翅鞘橙红，七个黑星镶衬其中，人们称它'花大姐'，其真名实姓叫七星瓢虫。"

与其他昆虫类似，七星瓢虫的一生主要包括：

卵：长 1.26 毫米，宽 0.60 毫米。橙黄包，长卵形，两端较尖。成堆竖立在棉叶背面。每块卵一般 20~40 粒，最多达 80 粒。

幼虫：共 4 龄。各龄期的主要特征：

一龄：体长 2~3 毫米。身体全黑色。从中胸至第八腹节，每节各有 6 个毛疣。

二龄：体长 4 毫米。头部和足全黑色，体灰黑色。前胸左右后侧角黄色。腹部每节背面和侧面着生 6 个刺疣，第一腹节背面左右 2 刺疣呈黄色，刺黑色。第四腹节背面刺疣黄色斑不显，其余刺疣黑色。

三龄：体长 7 毫米。体灰黑色。头、足、胸部背板及腹末臀板黑色。前胸背板前侧角和后侧角有黄色斑。腹部第一节左右侧刺疣和侧下刺疣橘黄色，刺黑包。第四节背侧 2 刺疣微带黄色，其余刺疣黑色。

四龄：体长 11 毫米左右。体灰黑色。前胸背板前侧角和后侧角有橘黄色斑。腹部第一节和第四节左右侧刺疣和侧下刺疣均有橘黄色斑。其余刺疣黑色。

蛹：体长 7 毫米，宽 5 毫米。

成虫：体长 5.2~6.5 毫米，宽 4~5.6 毫米。身体卵圆形，背部拱起，呈半个水瓢状。头黑色、复眼黑色，内侧凹入处各有一淡黄色点。触角褐色。口器黑色。上额外侧为黄色。前胸背板黑，前上角各有一个较大的近方形的淡黄地。鞘翅红色或橙黄色，两侧共有七个黑斑；翅基部在小盾片两侧各有一个三角形白地。体腹及足黑色。

七星瓢虫有着惊人的避敌本领。只要有天敌来扰或受到外界突然的刺激，它就会发生一种叫作"神经休克"现象，有点像失去知觉似的一动不动。"休克"过后，受到刺激的神经系统恢复正常，它又清醒过来，开始爬行。

这种"死去活来"的举止，人们称它"假死"。如果你用手去捏它，它就会使出第二招避敌本领，在它6条足上的各关节中间，渗出一滴

七星瓢虫

滴的黄色汁液来，这些汁液散发出来的辣臭味，不但使人闻之感到腻烦，就连那啄食的小鸟，闻到这种怪味，也"退避三舍"。

不要另眼看待这些外美内臭的甲虫，它们帮助人们消灭危害农作物的蚜虫，可称得上是蚜虫的"克星"。如果一只瓢虫爬到蚜虫堆里，它便毫不留情地"大口大口"地嚼吸起来，不论是有翅蚜，还是无翅蚜，就连那幼小的若虫也不会放过。

瓢虫的食量也很惊人，一只成虫一天就能"吃"掉100多只蚜虫。瓢虫也是个挑食馋嘴的昆虫，生来就不吃素，只吃"荤"，人们说它是"肉食性"昆虫。瓢虫不但变作成虫时专吃蚜虫，就是还没发育成熟的幼虫，也有与"父母"相同的习性。

七星瓢虫有较强的自卫能力，虽然身体只有黄豆那么大，但许多强敌都对它无可奈何。它三对细脚的关节上有一"化学武器"，当遇到敌害侵袭时，它的脚关节能分泌出一种极难闻的黄色液体，使敌人因受不了而仓皇退却、逃走。

七星瓢虫在不同季节的活动场所不一样。

冬天，七星瓢虫在小麦和油菜的根茎间越冬，也有的在向阳的土块、土缝

瓢虫幼虫

中过冬。春天，一旦气温升到10℃以上，越冬的七星瓢虫就苏醒过来，开始活动，在麦类和油菜植物株上能找到它。夏天，随着气温升高和食物增多，七星瓢虫大量繁殖，凡是有蚜虫和蚧虫寄生的植物，如棉花、柳树、槐树、榆树、豆类等植株上，都能找到七星瓢虫，有时甚至出现大批七星瓢虫聚集的景象。秋天，田间七星瓢虫的数量减少，它常在玉米、萝卜和白菜等处产卵，这时候，早晚的气温较低，七星瓢虫往往隐蔽起来。越冬的七星瓢虫不食不动。

那些熬过冬天的个体，多半是体型稍大，身怀卵子的雌性。它们在春暖花开、蚜虫登场时便苏醒过来。寻找蚜虫"饱餐"一顿后，便东飞西找那已有蚜虫群的植物，把一粒粒像"小窝窝头"一样的黄色卵，成堆地产在有蚜虫的作物叶片上。不久，从卵中孵化出身穿黑色外衣、长腿、大牙、样子很凶的瓢虫幼虫，在蚜虫群里横冲直撞，"毫不留情"地嚼吸着蚜虫。

七星瓢虫是著名的害虫天敌，成虫可捕食麦蚜、棉蚜、槐蚜、桃蚜、介壳虫、壁虱等害虫，可大大减轻树木、瓜果及各种农作物遭受害虫的损害，被人们称为"活农药"。

知识点

害　虫

害虫是对人类有害的昆虫的通称。从我们自身来讲，就是对我们人类的生存造成不利影响的昆虫的总称。一种昆虫的有益还是有害是相当复杂的，常常因时间、地点、数量的不同而不同。我们易把任何同我们竞争的昆虫视为害虫，而实际上只有当它们的数量达到一定量的时候才对人类造成危害。害虫和益虫是相对而言的，益虫会做对人类有害的事，害虫也会做有益的事，只是程度不同罢了。

延伸阅读

瓢虫的主要种类

1. 肉食性瓢虫

七星瓢虫：广泛分布于非洲、欧洲、亚洲的代表性瓢虫。翅膀为红色，正如中文名称所提示，其有 7 个黑色图纹。在不同个体之间没有图样的差异存在。

异色瓢虫：广泛分布于亚洲等地，和七星瓢虫并列为代表性物种。与七星瓢虫不同的是体色变化性大，有黑底 2 个红斑、黑底 4 个红斑、红与黄色多图样等。捕食蚜虫。

六条瓢虫：体长约 5 毫米，比异色瓢虫略小。翅膀为黑底色 4 个红斑，有和异色瓢虫图样相近的种类在而不易分辨。以蚜虫为食。

大龟纹瓢虫：又称为六斑异瓢虫，为大型瓢虫。翅膀有黑底橙色的图样，由于和龟壳形象相似而得其名。捕食胡桃金花虫的幼虫。

龟纹瓢虫：和大龟纹瓢虫图样相似，但体长只有约 4 毫米。食物来源为蚜虫。

大突肩瓢虫：体长约 12 毫米的大型瓢虫，数量稀少。捕食介壳虫。

澳洲瓢虫：体长约 4 毫米的小型瓢虫。翅膀为红色，有黑色图样。以捕食吹绵介壳虫维生。原产地为澳洲，为了驱除吹绵介壳虫而被引进到其他地方繁衍。

黑缘红瓢虫：以捕食介壳虫维生。多依附于梅树上。

菌食性瓢虫

柯氏素菌瓢虫：亦称为黄瓢虫。体长约 5 毫米。胸部上为白底的 2 个黑色斑点，整个翅膀皆为黄色。以白粉病菌等为食。

十二斑褐菌瓢虫：亦称为白瓢虫。体长约 4 毫米。体色为黄褐色，有淡白的斑点。以白粉病菌等为食。

草食性瓢虫

瓢虫科之中只有食植瓢亚科为草食性。草食性瓢虫的特征为，与肉食性瓢虫相较下翅膀不具光泽。

马铃薯瓢虫：此种瓢虫伍长约 7 毫米，在淡褐色身体上有 28 个黑色斑点。马铃薯瓢虫亦称为大二十八星瓢虫，身体和黑点比茄二十八星瓢虫略大。由于它们会集体吃茄子与马铃薯的叶子而被视为害虫。在食植瓢虫亚科中马铃薯瓢虫所分布的区域纬度最高，最北达到滨海边疆区。茄二十八星瓢虫则是自北海道以南，遍布到东南亚一带。

波氏裂臀瓢虫：见于日本冲绳诸岛、台湾兰屿等地。以葫芦科植物的叶子为食。

锯叶裂臀瓢虫：见于日本八重山诸岛内的与那国岛等地、台湾兰屿。

蜜 蜂

蜜蜂是属于膜翅目、蜜蜂科的昆虫，全世界已知大约有 30 000 种，我国已知大约有 1 000 种。

蜜蜂往返花间，采集花粉归巢酿蜜。同时又为植物传粉做媒，使其结果传代，因而成为人类生活中的好帮手。在为果树和农作物传粉的昆虫中，蜜蜂是绝对的主力军。例如，一只蜜蜂一次飞行，能给瓜类带来 48 000 粒花粉，而一只蚂蚁只能带 330 粒。通过蜜蜂的传粉，果树和农作物的产量能得到大幅度的增加。

蜜蜂是过群体生活的社会性昆虫，每个群体内都有严密的组织和细致的分工，每个成员各尽其职、互相配合，共同维持群体的生活，因此被形象化地称为"蜜蜂王国"。通常在每一个蜂巢中，都是由一只蜂王、数百只雄蜂和数万只左右的工蜂所组成。

蜜蜂居住的蜂巢是由工蜂用蜡腺分泌的蜡片筑成的。它是由多片巢脾组成的，每一片巢脾的两面整齐地排列着六角形的巢房。据数学家测量计算，像蜂房那样的六角形柱状体是在同样条件下用料最少、容积最大的建筑结构，无怪乎人们把工蜂叫作"天才的建筑师"！不过，巢房并不是蜜蜂的"卧室"，而是它们哺育幼虫的"摇篮"和贮存蜂蜜、花粉的"仓库"。

巢房分为工蜂房、雄蜂房和王台三类。工蜂房的数量最多，雄蜂房比工蜂房稍大，它们都是六角形的；王台像一粒花生，大多倒悬在巢脾下缘。蜂王在王台和工蜂房里产受精卵，在雄蜂房里产未受精卵。卵经过 3 天孵化出幼虫。

蜂王是一种由受精卵发育成的雌蜜蜂。它的身体颀长、大腹便便，在群体中很显眼。只有蜂王才能与雄蜂交配，而且除了交配和产卵之外就没有其他的工作了。在产卵盛期，一只蜂王一昼夜可以产2 000多粒卵，这些卵的总重量相当于它的体重，可见它的生殖功能是多么的旺盛。

蜜　蜂

雄蜂是由未受精卵发育而成的，体型粗壮。它唯一的职能是与蜂王交配，交配后即死亡。雄蜂平时也是游手好闲，什么活都不干，整天吃饱了不是闲待就是游逛，食量还特别大。因此，当繁殖季节一过，蜜源不足，食物短缺的时候，工蜂就把这些"好吃懒做"的家伙赶出蜂巢，使其冻饿而死。在蜂巢中的数百只雄蜂中，每次只有飞得最快的那只才有机会同蜂王交配，其他的就只好等待下次机会。因此，虽然每只雄蜂在与蜂王交配之后就会立刻死亡，它们仍然争先恐后地抢夺这个"一夜风流"的机会，以便留下自己的后代。

工蜂在群体中要算最勤劳的了。虽然它们也是雌性，但生殖器官发育不全，不会生育，寿命也比蜂王短得多。在群体中，工蜂的数量占绝对优势，负责清洁蜂巢、哺育幼蜂、分泌蜂王乳、构筑蜂巢、守卫和采蜜等各项工作。它们没有与雄蜂交配的机会，所产的卵为没有受精的卵。经孵化后都成为雄蜂。而蜂王与雄蜂交配后，其卵与雄蜂的精子结合成为受精卵，由受精卵所孵化的幼虫都是雌性的。这些雌性幼虫如果一直被喂以蜂王乳，就会发育成蜂王；如果前三天喂以蜂王乳，以后喂以蜂蜜的话，以后就变成工蜂。

工蜂的劳动有细致的分工。工蜂的寿命只有5个星期左右。在这5个星期中，它们每时每刻都在辛勤地工作。在它们出世的后的第一天至第三天，就当上了"清洁工"，负责把蜂巢里面打扫得干干净净。第四天和第五天则成为"保姆"，负责用花粉与花蜜喂养幼虫。从第六天到第十二天，它们又改当"用人"，负责分泌蜂王乳来伺候蜂王。第十三天到第十七天，它们充当"建筑工"的角色，负责分泌蜂蜡建造蜂巢，另外还要把花蜜加浓及把花粉捣碎，以便酿造蜂蜜。第十八天到第二十天，它们又成为"卫士"，负责保卫蜂巢的安全。从第二十一天到第三十五天，是它们生命的最后一段时间，也是工作最为繁重的日子，除了做各种二作外，还要出外采蜜。

工蜂之所以能从事这些劳动，是因为它们身上有一些特化的"工具"器官。它的消化道的"前胃"已变成一个富有弹性的"袋"——蜜囊，可以用来盛放花蜜；两后腿上有一对运载花粉团的"花粉篮"；尾部的产卵器则变成了自卫的武器——螫针。

工蜂采集花蜜的工作极为繁重，在通常情况下，1 只工蜂 1 天要外出采蜜40 多次，每次采 100 朵花左右，但采到的花蜜只能酿 0.5 克蜂蜜。如果要酿1 000 克蜂蜜，而蜂房和蜜源的距离为 1.5 千米的话，几乎要飞行 12 万千米的路程，差不多等于绕地球飞行 3 圈。

春夏季节是鲜花盛开的时期，蜜源最为丰富。这时候，工蜂开始频繁地外出采蜜。它们停在花朵中央，伸出精巧如管子的"舌头"，"舌尖"还有一个蜜匙，当"舌头"一伸一缩时，花冠底部的甜汁就顺着"舌头"流到蜜胃中去。工蜂们吸完一朵再吸一朵，直到把蜜胃装满，肚子鼓起发亮为止。

采集花蜜如此辛苦，把花蜜酿成蜂蜜也不轻松。所有的工蜂先把采来的花朵甜汁吐到一个空的蜂房中，到了晚上，再把甜汁吸到自己的蜜胃里进行调制，然后再吐出来，再吞进去，如此轮番吞吞吐吐，要进行 100～240 次，最后才酿成香甜的蜂蜜。

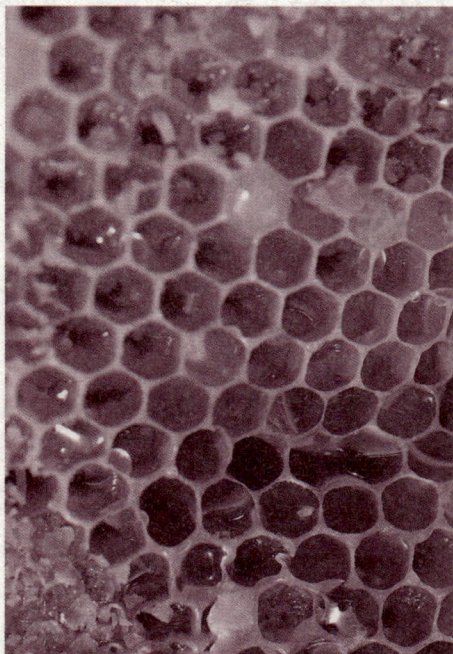

为了使蜜汁尽快风干，千百只工蜂还要不停地扇翅，然后把吹干的蜂蜜藏进仓库，封上蜡盖贮存起来，留作冬天食用。

工蜂除了调制"细粮"蜂蜜外，还会把采蜜带回来的花粉收集起来，掺二一点花蜜，加上一点水，搓出一个个花粉球，做成蜜蜂们平时吃的"粗粮"。

工蜂饲喂幼虫是区别对待的，头 3天，对所有的幼虫都喂蜂王乳，往后工蜂和雄蜂的幼虫就只能吃到由蜂蜜和花粉调制的"粗粮"，而王台里的蜂王幼

蜂　巢

虫却一直享受营养丰富的蜂王乳，从而使它能发育成蜂王。幼虫经过工蜂 6 昼夜的精心照料后开始化蛹，工蜂用蜡片将虫房封上盖。在蛹房里，蜂王蛹经过 7 天、工蜂蛹经过 12 天、雄蜂蛹经过 15 天的蜕变，最后羽化成成虫，破盖而出。

蜂王出房后必须与雄蜂交配才能履行它产卵的"天职"。蜂王的交配是在空中进行的，这叫作"婚飞"，在"婚飞"时，许多雄蜂竞相追逐一只蜂王。最后，最强健者追上了蜂王，并与之交配。在"婚飞"

蜂　王

期间，一只蜂王可以同好几只雄蜂交配，直到它体内的贮精球装满了精液，足够终生产卵使用时为止。此后它一生都不再交配。

蜜蜂也会"分家"，每当巢内蜜蜂增加到一定数量，工蜂劳动力过剩，出现拥挤窝工现象的时候，工蜂就营造新王台，培育新蜂王。老蜂王逐步缩小腹部，停止产卵。

当新蜂王即将出房的时候，老蜂王就带领一部分喝饱了蜜的青壮工蜂飞离老巢，选择新居，重新安家立业。旧巢内，新蜂王一出房就竭力搜寻破坏其他未出房的王台，把"王位"的潜在争夺者扼杀在"摇篮"里；或是找同时出房的新王进行"决斗"，以争夺"王位"，最后，由胜利者承袭"王位"。蜜蜂就是用这样的方式进行"分家"，从而繁殖群体的，这种"分家"的方式俗称"自然分蜂"。在自然情况下，蜜蜂一年可进行 2～3 次分蜂。

蜜蜂酿制蜂蜜，不仅为自己准备好了口粮，还为植物传播花粉起到了巨大作用。

知识点

蜂　蜜

蜂蜜是由蜜蜂采集植物蜜腺分泌的汁液酿成。主要成分为糖类，其中 60%～80% 是人体容易吸收的葡萄糖和果糖，主要作为营养滋补品、药用和加工蜜饯食品及酿造蜜酒之用，也可以替食糖做调味品。

蜂蜜水分含量少，细菌和酵母菌都不能在蜂蜜中存活，但某些厌氧菌（如肉毒杆菌）可以以非活性的孢子形态存在其中，因为婴幼儿肠胃消化器官不发达，胃酸的分泌较差，所以，1岁内的婴儿不要食用没有经过消毒的蜂蜜。蜂蜜中孢子并不会繁殖产生毒素，一般情况下，蜂蜜中的厌氧菌也没有在人体内繁殖的危险。

延伸阅读

蜜蜂如何采蜜的

蜜蜂是怎么知道哪里有花蜜的呢？

在一般情况下，野外的工蜂总是在一定的范围内采蜜，而且主要是从一种植物的花上采蜜。由于采蜜经验的不同，它们的采蜜速度和采蜜方法存在着明显的个体差异。不过，工蜂具有较强的学习能力，它们可以学会把食物和特定的信号，如花朵的颜色和特定的形状等联系起来，形成条件反射。工蜂的学习速度也是很快的，而且学习速度同信号本身有着密切的关系。

虽然工蜂个体的采蜜行为常常趋于特化，但作为一个群体却能够对资源的变化做出迅速的反应，它可以调动它的大部分成员到一种报偿最高的植物花上去采蜜，这样既能有效地利用集中的食物资源，也能有效地利用分散的食物资源，极大地提高了采蜜的效率。群体对资源变化的敏感性和对报偿较高的植物的特化，主要是依靠它们极为发达的侦察活动和通讯能力。

通常在一个群体中，每天大约有1 000只新的工蜂准备承担采蜜任务，它们中的大多数都首先留在蜂箱内值"内勤"，只有少数作为"侦察员"四处寻找蜜源。当侦察蜂在外面找到了蜜源，它就吸上一点花蜜和花粉，很快地飞回来。回到群体后，它就不停地跳起舞蹈来。这种舞蹈是蜜蜂用来表示蜜源的远近和方向的。蜜蜂舞蹈一般有圆形舞和"8"字舞两种。如果找到的蜜源离蜂巢不太远，就在巢脾上表演圆形舞；如果蜜源离得比较远，就表演"8"字舞。在跳舞时如果头向着上面，那么蜜源就是在对着太阳的方向，要是头向着下面，蜜源就是在背着太阳的方向。

这种"蜜蜂的舞蹈"成为它们特有的语言，更为有趣的是，在世界上不同地区生活的蜜蜂表达这种信息的舞姿却都不相同。

在蜂箱里的蜜蜂，得到了侦察蜂带来的好消息，有的就很快地飞出箱外，按着它所指引的方向飞去。这些外出的蜜蜂吃饱花蜜飞回来以后，也同样地向同伴们跳起舞来，动员大家都去采蜜。这样一传十、十传百，越来越多的蜜蜂都奔向蜜源，进行大量的采集工作。

蝗 虫

蝗虫是蝗科，直翅目昆虫。全世界有超过 10 000 种。分布于全世界的热带、温带的草地和沙漠地区。

蝗虫全身通常为绿色、灰色、褐色或黑褐色，头大，触角短；前胸背板坚硬，像马鞍似的向左右延伸到两侧，中、后胸愈合不能活动。脚发达，尤其后腿的肌肉强劲有力，外骨骼坚硬，使它成为跳跃专家，胫骨还有尖锐的锯刺，是有效的防卫武器。产卵器没有明显的突出，是它和螽斯最大的分别。

头部除有触角外，还有一对复眼，是主要的视觉器官。同时还有 3 个单眼，仅能感光。

头部下方有一个口器，是蝗虫的取食器官。蝗虫的口器是由上唇（1 片）、上颚（1 对）、舌（1 片）、下颚（1 对）、下唇（1 片）组成的。它的上颚很坚硬，适于咀嚼，因此这种口器叫作咀嚼式口器。

在蝗虫腹部第一节的两侧，有一对半月形的薄膜，是蝗虫的听觉器官。在左右两侧排列得很整齐的一行小孔，就是气门。从

蝗 虫

中胸到腹部第 8 节，每一个体节都有一对气门，共有 10 对。每个气门都向内连通着气管。在蝗虫体内有粗细不等的纵横相连的气管，气管一再分支，最后由微细的分支与各细胞发生联系，进行呼吸作用。因此，气门是气体出入蝗虫身体的门户。

头部触角、触须、腹部的尾须以及腿上的感受器都可感受触觉。味觉器在口器内，触角上有嗅觉器官。第一腹节的两侧、或前足胫节的基部有鼓膜，主管听觉。复眼主管视觉，单眼主管感光。后足腿节粗壮，适于跳跃。雄虫以左右翅相摩擦或以后足腿节的音锉摩擦前翅的隆起脉而发音。有的种类飞行时也能发音。

每年夏、秋为繁殖季节，交尾后的雌蝗虫把产卵管插入 10 厘米深的土中，再产下约 50 粒的卵。产卵时，雌虫会分泌白色的物质形成圆筒形栓状物，然后再把卵粒产下。

蝗虫的发育过程比较复杂。它的一生是从受精卵开始的。刚由卵孵出的幼虫没有翅，能够跳跃，叫作"跳蝻"。

蝗虫卵

跳蝻的形态和生活习性与成虫相似，只是身体较小，生殖器官没有发育成熟，这种形态的昆虫又叫"若虫"。若虫逐渐长大，当受到外骨骼的限制不能再长大时，就脱掉原来的外骨骼，这叫蜕皮。

若虫一生要蜕皮 5 次。由卵孵化到第一次蜕皮，是一龄。以后每蜕皮一次，增加 1 龄。三龄以后，翅芽显著。五龄以后，变成能飞的成虫。可见，蝗虫的个体发育过程要经过卵、若虫、成虫 3 个时期，像这样的发育过程，叫作不完全变态。

昆虫由受精卵发育到成虫，并且能够产生后代的整个个体发育史，称为一个世代。

在 24℃ 左右，蝗虫的卵约 21 天即可孵化。孵化的若虫自土中匍匐而出，此时其外形和成虫很像，只是没有翅，体色较淡。幼虫在最初的一、二龄长得更像成虫，但头部和身体不成比例。到了三龄长出翅芽，这是四龄翅芽已很明显了。五龄时若虫已将老熟，再取食数日就会爬到植物上，身体悬垂而下，静待一段时间，成虫即羽化而出。

飞蝗密度小时为散居型，密度大了以后，个体间相互接触，可逐渐聚集成群居型。群居型飞蝗有远距离迁飞的习性，迁飞多发生在羽化后 5—10 天、性器管成熟之前。迁飞时可在空中持续 1—3 天。

至于散居型飞蝗，当每平方米有虫多于 10 只时，有时也会出现迁飞现象。

群居型飞蝗体内含脂肪量多、水分少，活动力强，但卵巢管数少，产卵量低。而散居型则相反。

飞蝗喜欢栖息在地势低洼、易涝易旱或水位不稳定的海滩或湖滩及大面积荒滩或耕作粗放的夹荒地上、生有低矮芦苇、茅草或盐篙、莎草等嗜食的植物。遇有干旱年份，这种荒地随天气干旱水面缩小而增大时，利于蝗虫生育，宜蝗面积增加，容易酿成蝗灾，因此每遇大旱年份，要注意防治蝗虫。

天敌有寄生蜂、寄生蝇、鸟类、蛙类等。喜食玉米等禾本科作物及杂草，饥饿时也取食大豆等阔叶作物。地势低洼、沿海盐碱荒地、泛区、内涝区都易成为飞蝗的繁殖基地。

防治蝗灾与水灾、旱灾，并称为中国历史上的三大自然灾害。

《史记·秦始皇本纪》即有始皇四年（前 243）"十月

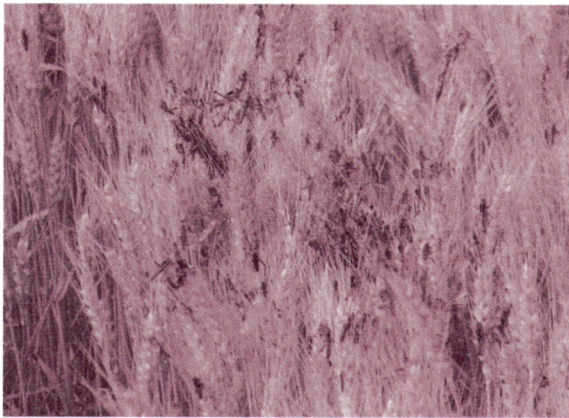

蝗 灾

庚寅，蝗虫从东方来蔽天，天下疫"的记载。唐代开元四年（716）、宰相姚崇力排众议，领导治蝗，采取掘坑焚埋的方法，减轻了蝗灾，取得"时无饥谨"的政绩。

《宋史·五行志》记述，宋代景祐元年（1034）开封一带曾用掘蝗卵的方法治蝗；熙宁八年（1075）颁布诏书，责令县令负责治蝗，对捕蝗者规定了不同的奖励办法。

古人根据对蝗虫生活史、习性和发生为害规律的认识，采用过舞火诱杀、开沟淹杀、鸭啄、改旱田为水田、移民垦荒、耕翻土地、科植蝗虫不喜取食作物等不同的方法进行防治。

明代徐光启甚至认为消灭蝗害的根本办法是改造发生基地，他指出："故涸泽者，蝗之原本也。欲除蝗，图之此其地矣。"他还主张借朝廷功令，动员民众治蝗。这些主张，对以后治蝗产生过积极影响。

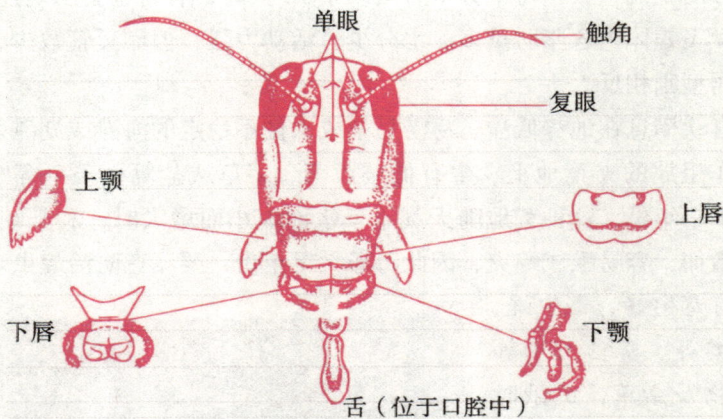

蝗虫的口器

清代陈崇砥在《治蝗书戈》（1880 年）还记载过用百部草、碱水、陈醋（或盐卤）灌杀蝗卵的办法，并附有《治卵生蝻子图》。

知识点

迁 飞

迁飞或称迁移，是指一种昆虫成群地从一个发生地长距离地转移到另一个发生地的现象。

昆虫的迁飞既不是无规律地突然发生的，也不是在个体发育过程中对某些不良环境因素的暂时性反应，而是种在进化过程中长期适应环境的遗传特性，是一种种群行为。但迁飞并不是各种昆虫普遍存在的生物学特性。

　　迁飞常发生在成虫的一个特定时期——"幼嫩阶段"的后期，雌成虫的卵巢尚未发育，大多数还没有交尾产卵。

　　目前已发现有不少主要农业害虫具有迁飞的特性，如东亚飞蝗、黏虫、小地老虎、甜菜夜蛾、稻纵卷叶螟、稻褐飞虱、白背飞虱、黑尾叶蝉、多种蚜虫等。

延伸阅读

恐怖的非洲蝗虫

　　沙漠蝗虫分布于北非、东非和南非，它们的破坏性极大，飞到哪里，哪里就会一片荒芜。

　　一大群落基山脉的蝗虫曾经覆盖的最小面积相当于英格兰的总面积，它们曾给北美洲西部的开拓者带来过巨大灾难。

　　1875年8月15—25日，当蝗群飞过内布拉斯加州时，估计总重量有250亿~500亿千克！不可思议的是，这一种蝗虫于1902年就已经灭绝了。

　　现在，沙漠蝗虫成了最大、最具有破坏性的昆虫群体。1954年，科研人员曾在肯尼亚用侦察机测量得知，一个蝗虫群就能覆盖200平方千米的面积。那还只是在同一个地区的几个蝗群中的一个而已，若所有蝗群合起来则会覆盖1 000平方千米，厚达1.5千米，估计有5 000亿只蝗虫，重量约10万吨。

　　这种动物最奇怪的一点是它基本上是独居的。大多数时候它是普通的、绿色的蚱蜢。但是当沙漠环境改变时，昆虫的行为也发生改变。有时当天气较往常湿润时，更多的蚱蜢就会孵化出它们的卵。小蚱蜢互相撞击，互相摩擦，这种撞击和摩擦会促使个体释放出一种"群聚的信息素"，因此它们开始聚集在一起。

　　大量的蚱蜢朝一个方向行进，这一阶段会持续大约一周，然后它们长成成虫开始飞行，于是蝗灾就产生了。

　　蝗群会在哪里出现并不很明确，但是如果它们在阿拉伯半岛繁殖的话，就会飞过非洲，沿途经过的农作物将遭到严重破坏。

行军蚁

行军蚁喜欢群体生活，一般一个群体就有一二百万只，它们属于迁移类的蚂蚁，没有固定的住所，习惯于在行动中发现猎物。

行军蚁每天都在不断的行军，发现猎物，吃掉和搬运猎物。晚上，行军蚁就互相咬在一块，形成一个巨大的蚂蚁团，抱在一块休息。工蚁在外圈，兵蚁和小蚂蚁被围在里面，这样做的目的，是保护它们的下一代。

行军蚁行动非常迅速。虽然每一只行军蚁都非常小，一滴水就可以将它冲走或者淹死，但是它们合起来的力量太大了，没有什么东西能将它们挡住。碰到沟壑，它们就抱成团，像球一样滚下去连接到对岸，形成一个蚁桥，让大军通过。更宽一点的，前面的毫不迟疑地冲下去，好像盖房子夯实基础一样，直到将沟壑填平，让大军通过。

当然，这种场面是很悲壮的，因为这和自杀差不多，不少蚂蚁都被冲走或者掉队了，但是没有蚂蚁会退缩。

行军蚁的捕猎能力惊人。蟋蟀、蚱蜢等身体比它们大上百倍千倍的"大块头"，都是行军蚁的美食。虽然一只蟋蟀很有力气，对付一两只行军蚁很有把握，但是当成百上千只行军蚁源源不断地迅速爬上它的身体咬它的时候，它最后也只要被消灭掉。甚至一头猪或者豹子碰到行军蚁，半天内也能被吃得只剩下骨头。

行军蚁之所以这么厉害，一是因为它们数量多，二是因为它们的唾液里有毒，猎物被咬伤后，很快就被麻醉失去抵抗力了。

行军蚁会捕食其他社会性昆虫，如黄蜂、白蚁与其他蚁类。如果两种昆虫对峙，或许会平手？

并不会，行军蚁通常会胜出。某些亚利桑那州的蚂蚁遭受行军蚁攻击时，会引起强烈的护巢行动，同时整个群集进行撤离。行动迅速的工蚁负责运送卵、幼虫和蛹。接着它们会爬上附近的植物，好几个小时保持不动，只不过稍后会再缓慢而小心翼翼地返回遭洗劫一空的巢。

黄蜂遭受行军蚁攻击时，一般的反应是逃离，行军蚁接近时，会大批驻守在蜂巢入口，疯狂地拍动翅膀来震动蜂巢，以警告巢内的同伴。

另一种则会把头放在巢外，敲击上颚并发出嗡鸣声，这声音连7米之外都能听到。比较好斗的黄蜂则会试图飞进行军蚁集群，挑选个别的蚂蚁，把它们丢到远方，好保护蜂巢。可是蚂蚁实在太多，这么做发挥不了什么效果。还有些黄蜂会几只聚在一起，用身体挡住蜂巢入口，但不久蚂蚁就会抵达，用触须拖走它们。

在休息期，行军蚁在两三周之内能产25万粒卵。其中6粒左右的卵最后孵化成为新的蚁王，新的蚁王或者叫蚁后是雌性的，但是它也同时产出了1 000多枚能够发育成为雄蚁的蚂蚁。雄蚁为了避免兄弟姊妹之间的交配，近亲繁育，雄蚁尽快飞走，飞到别的蚁群里边，寻找别的蚁群里边的处女蚁王进行交配。

南美行军蚁和非洲行军蚁是人们最熟悉的两种行军蚁。以前，科学家一直认为常见行军蚁是在几百万年前在不同的大陆上独立起源的，但2003年，美国昆虫学家在对来自世界各地的30种行军蚁进行了研究之后指出，这些行军蚁均起源于同一个物种，而且它们早在1亿年以前就出现了，历史之久可以与恐龙相提并论，更重要的是，一直到现在，它们的物种都没有发生变化。根据行军蚁的结构组成和外观，科学家发现所有的行军蚁具有相同的基因突变，这显示出它们均是从同一个物种演变而来的。

知识点

基因突变

基因突变是指基因组DNA分子发生的突然的、可遗传的变异现象。从分子水平上看，基因突变是指基因在结构上发生碱基对组成或排列顺序的改变。基因虽然十分稳定，能在细胞分裂时精确地复制自己，但这种稳定性是相对的。在一定的条件下基因也可以从原来的存在形式突然改变成另一种新的存在形式，就是在一个位点上，突然出现了一个新基因，代替了原有基因，这个基因叫作突变基因。于是后代的表现中也就突然地出现祖先从未有的新性状。

▶▶▶ 延伸阅读

动物逃避行军蚁的妙招

行军蚁的攻击会引发潜在猎物的罕见行为。

在西非，大型蚯蚓发现行军蚁大军迎面而来，它们会钻进土里吗？不，它们会溜上最近的树。有些蜗牛会吹泡泡，足以掩饰并保护自己。

即使脊椎动物也不能幸免：非洲尖鼠的长腿和惊人的跳跃能力，发展为快速逃避行军蚁群的方法。

行军蚁是货真价实的超级捕食者，不过还是有可能逃离这种饥饿蚁群的攻击。有些目标猎物利用"日常"的逃脱机制（苍蝇飞走，蚱蜢跳开），有的则演化出特殊的行军蚁防卫术。

有一种逃脱机制利用行军蚁眼盲的特点，但需要极大的胆量和内心的镇定：面对数百万只蚂蚁时，竹节虫会完全静止不动；如果它有所动静，行军蚁会侦测到震动并展开攻击。同样地，甲虫也信赖自己的防护装备，等待蚂蚁大军过去。

各种蜘蛛和会吐丝的毛虫利用它们独特的生理构造，以丝吊挂在植物下；由于丝太过纤细，导致蚂蚁无法穿越。某些鼻涕虫的丝线上有轻微的旋转，在树叶上被蚂蚁逼到角落时，它会分泌保护性的黏液。如果更多蚂蚁出现，鼻涕虫会再往后退，最后滑下树叶，吊挂在无法通行的黏性丝线上。

⬡ 天　牛

天牛因其力大如牛，善于在天空中飞翔，因而得名；又因其中胸背板上有特殊的发音器，与前胸背板摩擦时，会发出咔嚓咔嚓之声，其声很像是锯树之声，故又被称作"锯树郎"。此外，我国南方有些地区称之为"水牯牛"，北方有些地区称之为"春牛儿"。

天牛是属于鞘翅目、天牛科的昆虫，种类很多，全世界已知有 25 000 种，我国有 2 200 种。

天牛因种类不同，体型的大小差别极大，最大者体长可达 11 厘米，而小者体长仅 0.4～0.5 厘米。天牛以色彩美丽着称，身体上大多具有金属的光泽，但也有一些种类呈棕褐色，或以花斑排列，和树干的颜色相像，从而具有隐匿色或保护色的作用。

天牛的躯体修长，体节、翅鞘均呈革质。天牛最明显的特征是其触角极长，具有触觉作用，一般长度都在 10 厘米左右，比自己的身体还要长，有的种类几乎达到体长的 5 倍。它还有一双很大的复眼，竟然包住了触角。其口器十分发达，强而有力，可以有效地咬啮植物。在胸部两边长有尖尖的刺，能够防卫和保护自己。它还有 3 对很长的足，能攀缘树干。

雌雄天牛的体型大小、触角长度、行动的灵活性、活动能力及飞翔能力都有所不同。一般雄天牛体型较小，触角长而美观，行动灵活，飞翔能力较强且能持久。而雌天牛体型较大，腹大身宽，触角短，行动笨拙迟钝，飞翔能力也远不如雄天牛。

天牛活动的时间在不同种类之间也有所不同，有的在白天日光下活动；有的则在夜晚或阴天活动，或整晚都在活动。一般常见于林区、园林、果园等处，飞行时鞘翅张开不动，由内翅扇动，发出嘤嘤之声。另外，天牛的幼虫还能利用身体的硬化部位——前胸背板和臀板摩擦或敲击树干里的"隧道"壁而发出声响，以便警告其他幼虫躲避敌害或前往相聚。

天牛幼虫

天牛喜欢啃食幼嫩枝梢的树皮为食，羽化大约半个月后就开始交配，一生可交配多次，一般都在晴天。经 3—4 天后，雌天牛在树干下部的主、侧枝上产卵。它将卵直接产入粗糙树皮、裂缝中或先在树干上咬成刻槽，然后将卵产在刻槽内，一生可产卵 20～35 粒以上。

产卵方式主要有两种，一种是雌虫在产前先用上颚咬破树皮（特别是沟胫天牛），然后用产卵管插入，每孔产卵一粒，也有产多粒的。这样形成的产卵孔，其形状大小在各种类间常有不同，有的很显着，在防治上可做搜灭虫卵

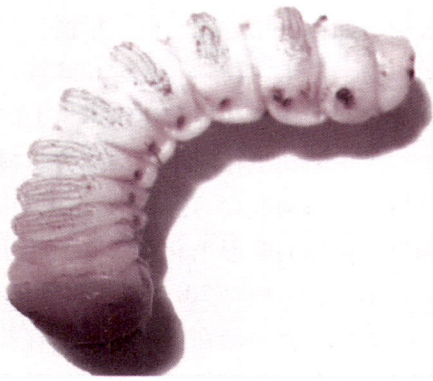

的指示。另一种产卵方式不先咬孔，而是直接用产卵管在树皮缝隙内产卵。在少数情况下，也有产在枝干光滑部分的。土居种类产卵于土壤内。

初孵的幼虫一般先在皮下蛀食，经过或长或短的时期后才深入到木质部分。少数种类仅在皮下蛀蚀。也有的种类则穿凿不深，仅在边材部为害。许多种类侵害基干或粗枝，有的在根干，有的则在枝条蛀蚀。

幼虫蛀蚀时穿凿各种坑道，或上或下，或左或右，或弯或直，随种类而异，但也有许多种类的坑道很不规则。在坑道内常充满虫粪及纤维质木屑。有时虫粪木屑由虫孔向外排出，有时受害处并有树汁流出。老熟幼虫常筑成较宽的坑道作为蛹室，两端以纤维木屑封闭，在其中化蛹。

天牛一般以幼虫在被害树木的木质中越冬，或以成虫在蛹室内越冬，即上一年秋冬之际羽化的成虫，留在蛹室内，到第二年春夏间才出来。

成虫的寿命不长，一般为10天至2个月，但在蛹室内越冬的成虫可能达到7—8个月。雄天牛寿命一般比雌天牛短。

天牛多数为一年发生一代，也有三年二代或二年一代的，大部分危害木本植物，如松、柏、柳、榆、柑橘、苹果、桃和茶等，一部分危害草本植物，如棉、麦、玉米、高粱、甘蔗和麻等，少数危害木材、建筑、房屋和家具等，是林业生产、作物栽培和建筑木材上的重要害虫。

天牛的幼虫在树干里面蛀食木材，还定居在树干里挖"隧道"。它们在越冬后开始活动蛀食，多数幼虫在树中凿成长4厘米左右、宽2~3厘米的蛹室和直通表皮的圆形羽化孔，在气温升达15℃以上时开始化蛹，其蛹期在各地长短不一，一般是20—30天，接着羽化成成虫。

天牛一直生活在树干里面发育长大，直到成虫时才钻出树干，进行交配和繁殖。因此，天牛除了被视为是森林、果园的害虫以外，也是生产木制家具原材料的害虫。

天牛对植物的危害以幼虫期为最烈，成虫虽然由于产卵及取食枝叶，有时也能引起或多或少的损害，但一般并不严重。树木内部受了幼虫的蛀蚀钻坑，常常阻碍了它们的正常生长，减低产量，削弱树势，缩短寿命；在受害严重时，更能导致树株的迅速枯萎与死亡。被蛀蚀的树木常易引起其他害虫及病菌的侵入，并易受大风的吹折。木材受蛀害后，必然会降低质量，甚至失去它们的工艺价值和商品意义。

草本植物的茎根等部受了幼虫蛀害，也同样会引起作物的减产、枯萎或死亡。文献上多次记载，一种天牛的成虫和幼虫有时还能侵害金属物质如铅皮、铅丝等等。

知识点

保护色

　　动物外表颜色与周围环境相类似，这种颜色叫保护色。很多动物有保护色，类似豹子的花纹和青蛙的绿，还有不少会变色，但最高境界是拟态，不只是颜色，连外型都完全变了（颜色、外形都与环境类似的归于拟态）。自然界里有许多生物就是靠保护色避过敌人，在生存竞争当中保存自己的。

　　按照达尔文的解释，生物的保护色、警戒色和拟态是由自然选择决定的。生物在长期的自然选择中，形成了形形色色功能不同的保护色。

延伸阅读

我国古代对天牛的认识和防治

　　在生产实践中，我国劳动人民很早就知道天牛是蛀食树木的害虫。

　　李时珍在《本草纲目》内说："天牛处处有之……乃诸树蠹所化也"。这两句话充分地显示出人们对天牛发生的普通性和为害性的认识。

　　苏东坡有诗云："两角徒自长，空飞不服箱。为牛竟何益？利吻穴枯桑。"

　　我国劳动人民在生产实践中很早就掌握了天牛的生活习性，创造了搜灭虫卵、钩杀幼虫、虫孔施药、捕杀成虫等一套防治方法。

　　100多年前出版的《蚕桑提要》上关于桑虫部分，便有很具体的指示，现抄录如下：

　　虫有生于桑树皮内者，名天牛虫。其下卵也，在小满后，必咬破树皮而藏其卵于皮内。其变虫也，在芒种后，形如蛆，吮树脂膏。将近夏至，渐渐钻孔而入，秋冬间大如蛴螬，身长足短，名蠋蛴，食树心，穿木如锥。明年三四月间成蛹，变为天水牛，两角如八字形，黑色，背有白点，缘木上下，口有双钳，其利如剪，新发之条，啮之辄折。治之法：须于树之本身及大枝上流出黄水之处，剔破其皮，中有卵如米粒，取而碎之，此虫便绝。如子已成虫，则须寻着虫穴（穴外必有蛀屑）；用铁丝向穴内刺死，或用铁丝作小钩将虫钩出。如虫已深入，非铁丝所能及，则用百部草汁灌之，无不死者。或用熟桐油灌入穴内，或用爆竹药线插虫穴，以火燃之，虫闻桐油气及药气即死。如已变为天水牛，则缘树而飞，但飞腾不远，宜急扑捕。

这段关关桑虫的防治法，显示了我国劳动人民的高度智能和创造能力，他们的这一套方法，我们在目前基本上还能沿用。

象鼻虫

象鼻虫是鞘翅目昆虫中最大的一科，也是昆虫王国中种类最多的一种，全世界已知种类多达6万多种，我国也已记载约2 000种；它们个体差异甚大，小的仅1毫米，大的可达6厘米。

大多数种类都有翅，体长大致在0.1厘米到10厘米。其中"鼻子"占了身体的一半。看到这类昆虫令人不由得想起大象的长鼻子，因为它们的口吻很长，所以这类昆虫被人们称为象鼻虫。

不过可别把长型的口吻当成象鼻虫的鼻子，何况看生于末端的并不是鼻子，而是它们用以嚼食食物的口器。当然除了口吻长外，拐角着生于吻基部也是此虫的特色之一。

这种只吃棉花的昆虫，最早是在中美洲发现的。19世纪90年代初，它传到了美国的得克萨

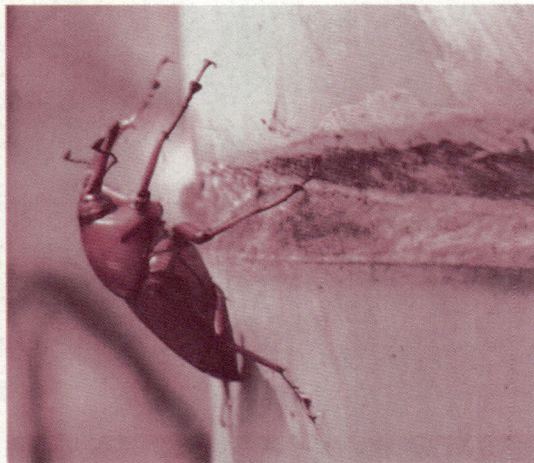

象鼻虫

斯州。象鼻虫以一年113千米的速度向外移动。从1922年开始，落基山脉东部棉区都发现了象鼻虫。

象鼻虫体长2~70毫米（不算喙长）；喙显着，由额向前延伸而成；触角膝状，颚须和下唇须退化而僵直，不能活动；体壁骨化强；多数种类被覆鳞片。幼虫通常为白色，肉质，身体弯成"C"字形，没有足和尾突。

卵：长椭圆形，较小，初产时乳白色，表面光滑有光泽，后变为棕色。堆生。

幼虫：弯纺锤形，无足，前胸背板淡黄色，胴部乳白色，头部褐色。

蛹：裸蛹，纺锤形，初期乳白色，渐变淡黄色至红褐色。

成虫：体深灰色或土黄色，长4.5~4.7毫米，头黑色，触角肘状，棕褐色，头宽喙短，喙宽略大于长，头部背面两复眼之间凹陷，前胸背板棕灰色，鞘翅卵圆形，长约是宽的两倍，有纵列刻点，有纵沟10条和散生褐斑。足腿节无齿，爪合生。

绝大多数象甲是陆生的，性迟钝，行动缓慢，假死性强，少数有趋旋光性。稻象属和水象属为水生。象甲营有性生殖，但有一些种类营孤雌生殖。多数象甲一年一代，有些则是两年一代。多数以成虫越冬，以卵和初龄幼虫越冬的有杨干隐喙象。

该虫一年发生1代，以幼虫在树冠下5~50厘米深的土壤中越冬。翌年3月下旬至4月上旬化蛹，4月中旬至5月上旬是成虫羽化盛期，亦是为害的高峰期，成虫羽化后，即取食幼芽。

在羽化初期，气温较低，成虫一般喜欢在中午取食为害，早晚多静伏于地面，但随着气温的升高，成虫多在早晚活动为害，中午静止不动，成虫有多次交尾的习性，雌虫白天产卵。卵多块产于枣树嫩芽、叶面、枣股、翘皮下及枝痕裂缝内。

幼虫孵化后坠落于地，潜入土中，取食植株地下部分，9月以后，入土层30厘米处越冬，春暖花开，幼虫上升，在土层10厘米以上，作球形土室化蛹，成虫具假死性、群集性。

象鼻虫是比较著名的经济植物害虫，不过并不是所有种类，也有些是不会对经济植物造成危害的。它吃棉花棵的芽和棉桃，并在棉花上产卵。孵化出来的幼虫是浅黄色的。幼虫头部特别发达，能在植物之茎内或谷物中蛀食。有些种类，甚至在根内穿刺。由于如此，每至风大的时候，作物常从受害部折断。

在国外，较著名的象鼻虫害有棉花的棉花象鼻虫针叶树的白松象鼻虫、谷物的谷象鼻虫。在国内，除谷象、米象之外，较重要的象鼻虫类害虫，有为害香蕉的香蕉假茎象鼻虫、球茎象鼻虫，为害甘蔗的蚁象及为害竹笋的台湾大象鼻等。

象鼻虫的雌虫在产卵前，往往会以吻端之口器在植物之组织上钻一管状洞穴或横裂，然后再把卵产于组织内，有部分种类能以孤雌生殖方式繁衍后代。它的整个寿命只有 3 个星期，但成虫只需活几个星期就可以不断地产下 4 代甚至更多的后代。

在秋天，象鼻虫开始冬眠，直到春天来临。幸运得很，大约 95% 的象鼻虫死在冬天。

钻石象鼻虫

知识点

孤雌生殖

孤雌生殖又称为单性生殖，是动物或植物的卵子，不经过受精过程，而单独发育成后代的生殖方式，区别于无性生殖。

孤雌生殖一般发生在多种植物和无脊椎动物中，但也有一些脊椎动物如某些爬行动物，在一些特殊的鸟类和鲨鱼品种中也会出现。如水蚤、蜜蜂、蒲公英和一些禾类中，这些现象为"天然单性生殖"，人为地刺激未受精卵发育，成为"人工单性生殖"。

单性生殖的后代如果全为雄性，称为"产雄单性生殖"；如果后代全为雌性，称为"产雌单性生殖"。

▶▶▶ **延伸阅读**

象鼻虫五彩珠宝的秘密

钻石象鼻虫的乌黑的翅膀上覆盖着色彩斑斓、彩虹色的鳞片，就像披着一件镶满宝石的大衣。自从 19 世纪初发现象鼻虫以来，研究人员就一直在研究象鼻虫身上的这些"钻石"，但一直没有人知道象鼻虫身上的鳞片为什么会反射如此多彩的光。

直到最近，一项新的技术终于发现了象鼻虫身上五彩"珠宝"的秘密：甲壳素晶体以钻石型排列，反射阳光中的绿色、黄色和橙色。

研究表明，此鳞片是一种光子晶体，与蛋白石非常相似。每一种光子晶体反射特定方向的特定波长的光。同时，非光子晶体反射类似方向的多种波长的光，但不发出彩色的光。

在光学显微镜下，钻石象鼻虫翅膀上的每一个凹面充满了数以百计的水滴形鳞片。鳞片由甲壳素组成，甲壳素是一种在动物王国随处可见的生物聚合物，从昆虫到螃蟹，甚至蘑菇。甲壳素晶体以六边形和正方形规则排列。

进一步放大显示，每个鳞片划分成色彩斑斓的部分。由于光线角度的变化，所以鳞片的颜色随之变化。根据不同的角度，一只钻石象鼻虫的微小的鳞片可以从正方形晶体部分反射蓝绿色的光，从六边形部分反射橙黄色的光。

❋ 吉丁虫

"窈窕淑女，君子好逑"，古人的诗句道出了人们对美好事物的追求与向往。淑女似的吉丁虫自然会受到人们的青睐。人们总认为蝴蝶是最美丽的昆虫，但是当你认识了吉丁虫之后，可能会觉得吉丁虫也独树一帜，别有韵味。

吉丁虫科的种类很多，全世界约有 13 000 种，我国已知 450 多种。各种体型差异较大，小的不足 1 厘米，大的超过 8 厘米，大多数色彩绚丽异常，似娇艳迷人的淑女。触角锯齿状，11 节。前胸腹板发达，端部伸达中足基节间。体形与叩头虫相似，但前胸与鞘翅相接处不凹下，前胸与中胸密接而无跃起构造。

令人遗憾的是它们的幼虫长得奇丑无比，真可谓"虫大十八变"，这就是昆虫变态的奇妙之处！尤其不能令人容忍的是幼虫专门蛀食树心，使之枯萎死亡，是果树、林木的重要害虫。尽管如此，幼虫却是一味中药材，能治疗疾病，将功补过。

据说日本人尤其喜爱吉丁虫，认为它们艳丽的鞘翅，能驱赶居室害虫，因而常把鞘翅镶嵌在家具上，既有驱虫之效，又具装饰之美。吉丁虫的鞘翅确实漂亮至极，在灯光或阳光下，能闪烁出灿烂的金属光泽，如同晶莹的珠宝。

吉丁虫成虫喜欢阳光，白天活动，在树干的向阳部分容易发现，它们的飞翔能力极强，既飞得高，且飞得远，所以不易捕捉，但当它们栖息在树干上时，却很少爬动，是捕捉的好时机。下面介绍几种吉丁虫。

金吉丁

体长 30～45 毫米。体金绿色，前胸背板上有 2 条紫铜色的宽纵带，从前缘直达后缘。每个鞘翅上各有 1 条明显的紫铜色纵带，从基部肩角处斜伸达翅末端近中部。其个体硕大，色泽艳丽均为本科之冠，具有很高的观赏价值。在自然界中不易觅见。目前仅知分布于我国浙江、台湾，国外分布于朝鲜、日本。

金缘吉丁

金缘吉丁

俗称串皮虫，主要为害梨苹果上少量发生。幼虫在树干皮下迂回串食，破坏形成层，轻者树皮变黑，重者整株枯死，树势衰弱，重者整株枯死。

成虫：体长 13～16 毫米，翠绿色，有金属光泽，前胸背板上有 5 条蓝黑色条纹，翅鞘上有 10 多条黑色小斑组成的条纹，两侧有金红色带纹。

卵：长约 2 毫米，乳白色，长圆形。

幼虫：老熟后长约 30 毫米，由乳白色变为黄白色，全体扁平，头小，前胸第一节扁平肥大，上有黄褐色人字纹，腹部逐渐细长，节间凹进。

蛹：长 15～19 毫米，乳白色、黄白色到淡绿色。

一年发生 1 代，以老熟幼虫在木质部越冬。第二年 3 月开始活动，4 月开始化蛹，5 月中、下旬是成虫出现盛期。成虫羽化后，在树冠上活动取食，有假死性。6 月上旬是产卵盛期，多产于树势衰弱的主干及主枝翘皮裂缝内。幼虫孵化后，即咬破卵壳而蛀入皮层，逐渐蛀入形成层后，沿形成层取食，8 月幼虫陆续蛀进木质部越冬。

梨小吉丁

主要为害梨、桃，以幼虫蛀食枝、干皮部及木质部，发生严重的梨园，造或树势衰弱，甚至全树枯死，是梨树毁灭性的害虫之一。

成虫：体长 10～20 毫米，暗绿色，有金属光泽。体扁平，触角黑色锯齿状，头部截齐，前胸背板由前向后逐渐宽大。头、前胸背及翅鞘上都有蓝黑色小长条纹，两翅膀边缘具金黄色光泽。

卵：椭圆形，长 2 毫米，宽 1～4 毫米，乳白色。

幼虫：老熟幼虫体长 27～32 毫米；乳白色，全体略呈扁平。头小半缩于前胸，胸部宽大，前胸背板硬而平滑，上有"人"字形凹纹。腹部细长，各节呈长方形，尾节末端细小。

蛹：裸蛹，长 17～20 毫米，初期为乳白色，渐变为绿色。

该虫一年发生一代，以老熟幼虫在被害树皮下或本质部的浅处过冬。第二年春天在木质部浅处蛀食一段时间，化蛹前在本质部隧道内稍向深处潜入，作一个长椭圆形蛹室，并向外蛀一羽化孔，然后用碎屑把蛀入孔道及羽化孔堵塞严密，即在蛹室内化蛹。

蛹期约 10 天。在河北省中南部梨产区，4 月下旬即见化蛹，5 月上旬开始羽化为成虫。成虫出现后，咬食梨叶、向日葵叶，将叶的边缘食成缺口。平常喜在向阳面的叶面停歇。在晴天上午 9 时至下午 4 时最活跃。

成虫有假死性，受震动坠地，稍停即飞去。成虫寿命约 20—30 天，少数可达 40 多天。成虫羽化后，经半月左右的取食补充营养，才开始产卵，卵产在有粗裂皮的缝隙内。

　　卵期一般8—9天。幼虫孵化后由卵壳下直接蛀入树皮浅处，先在表皮下取食，渐食入形成层及木质部，幼虫在枝干内蛀食，隧道弯曲塞满虫粪。梨树被害严重的枝条，至8月下旬叶片变红色。

知识点

木 质 部

　　木质部是维管植物的运输组织，负责将根吸收的水分及溶解于水里面的离子往上运输，以供其他器官组织使用，另外还具有支持植物体的作用。木质部由导管、管胞、木纤维和木薄壁组织细胞以及木射线组成。在成熟过程中，细胞壁木质化并具有环纹、螺纹、梯纹、网纹和孔纹等不同形式的次生加厚。

延伸阅读

吉丁虫的防治

　　1. 加强检疫

　　防止吉丁虫随着苗木的调运传播蔓延。

　　2. 加强养护管理

　　对园林植物尤其是新栽植的树木应及时补充水分，使之生长旺盛，保持树干光滑，杜绝成虫产卵或扣制卵的孵化；成虫羽化前，及时清除枯枝、死树或被害枝条，并及时烧毁，以减少虫源。

　　3. 人工捕杀

　　在成虫发生期于早晨水未干前振动树干，踩死或网捕落地假死成虫；发现树皮翘起，一剥即落并有虫粪时，立即掏去虫粪，捕捉幼虫，或用小刀戳死。

4. 化学防治

在成虫未破孔飞出前，即羽化盛期前，用10%氯氰菊酯乳油2 000倍液等喷涂树干，毒杀幼虫和成虫，防止成虫飞出。

棉铃虫

棉铃虫属昆虫纲鳞翅目夜蛾科，俗称青虫、钻桃虫等，主要为害棉花蕾、铃。为世界性害虫。在中国遍布于各棉区。黄河流域棉区为害较重，长江流域棉区有些年份发生也烈。与本种同属的还有其他一些种类也为害棉花，如中国新疆的大棉铃虫；南北美洲的棉铃虫和烟芽夜蛾等。

棉铃虫成虫体长14～18毫米，翅展30～38毫米，雌蛾赤褐色或黄褐色，雄蛾青灰色，前翅近外缘有一暗褐色宽带，环状纹圆形具褐边，中央有一褐点。后翅外缘暗褐色宽带中央常有两个相连的灰白斑。

棉铃虫卵近半球形，初产为白色，后呈黄色，孵化前变为暗褐色。

老熟幼虫体长30～40毫米，体色变异较大，有绿色、淡绿色、黄白色、淡红色等。体表有许多尖长的灰褐色小刺。

蛹体长15～23毫米，纺锤形，初期绿色、后变为褐色。滞育蛹在化蛹后3～4天，头部后颊部分仍有斜行黑点4个。

棉铃虫的寄主植物种类很多，除棉花外，还为害玉米、小麦、大麦、高粱、大豆、花生、豌豆、蚕豆、苜蓿、茗子、西红柿、辣椒、芝麻、向日葵、南瓜、茼麻、红麻、亚麻、烟草等作物，以及其他多种野生植物。

为害棉花时，幼虫食害嫩叶成缺刻或孔洞；为害棉蕾后苞叶张开变黄，蕾的下部有蛀孔，直径约5毫米，不圆整，蕾内无粪便，蕾外有粒状粪便，蕾苞叶张开变成黄褐色，2—3天后即脱落。青铃受害时，铃的基部有蛀孔，孔径粗大，近圆形，粪便堆积在蛀孔之外，赤褐色，铃内被食去一室或多室的棉籽和纤维，未吃的纤维和种子呈水渍状，成烂铃。1只幼虫常为害10多个蕾铃，严重的蕾铃脱落一半以上。

不同地区棉铃虫发生的代数不同。如在黄河流域棉区每年发生4代，以6月中、下旬和7月中、下旬的第三、第三代为害较重；在长江流域棉区每年发生4至5代，以7月中至8月下旬的第三、第四代为害较重；辽河流域及新疆

棉铃虫幼虫

大部分棉区，每年发生 3 代，为害较重的是第二代。

各地第一代棉铃虫几乎都在棉田外其它寄主上为害。发生最适气温为 25℃ ~ 28℃，相对湿度为 70% 左右。气温高过 34℃ 时产卵量降低或产不育卵。羽化、交配和产卵都在夜晚进行，羽化当夜即可交配。每头雌蛾平均产卵约 1 000 多粒。卵散产。凡长势好、现蕾早而多的棉田着卵量大。

棉花生长后期多产卵在贪青晚熟的棉株上。在其他寄主作物上，卵多产于结实器官。若在棉花行间种植花期相同的玉米或高粱，作为诱集作物，可减少该代在棉株上的落卵量。

成虫善飞翔，能借助气流迁移扩散。晴天黄昏时常到开花的蜜源植物上取食，黎明前即隐蔽潜伏，白天常栖息于棉花叶背、花冠或玉米、高粱心叶内。

有明显的趋旋光性和趋味性，据观察，黑光灯的诱蛾效果很好，尤其是在月晦暗之夜或无月之夜。另外，成虫特别喜欢糖醋液和杨柳树条的气味，若在田间插树条把子，夜间成虫的栖息量很大。

幼虫孵化后常取食卵壳和尚未孵化的卵，三龄以上幼虫取食量增大且有自相残杀习性。幼虫老熟后，在土表下 3 ~ 5 厘米深处，筑土室化蛹。

气候、天敌以及作物的布局、品种、栽培技术等对棉铃虫的发生均有密切关系。如 4、5 月间的低温，能减少第一、二代的发生量，蛹期连续遇雨，土壤含水量长期处于饱和状态，能导致蛹的大量死亡。

天敌也能起到一定的控制作用。第四代棉铃虫发生期由于天敌的作用，一般可不进行防治。

作物布局不同，如实行麦棉套种、麦棉邻作或玉米和棉花套种时，棉铃虫发生为害的程度不同。不同品种间的蕾铃被害程度也有差异。棉田郁闭、湿度较大，有利于棉铃虫的发生。

知识点

间作与套种

在一块地上按照一定的行、株距和占地的宽窄比例种植几种庄稼，叫间作套种。

一般把几种作物同时期播种的叫间作，不同时期播种的叫套种。

一般间作套种一起表述，不做细致区分。套种与间作最大的区别在于前者作物的共生期很短，一般不超过套种作物全生育期的一半，而间作作物的共生期至少占一种作物的全生育期的一半。套种侧重在时间上集约利用光热水资源，间作侧重在空间上集约利用光热水资源。套种可以使用复种指数比较效益的大小，而间作使用土地当量比计算效益的大小。

延伸阅读

诱杀棉铃虫成虫的手段

1. 在棉田插花或田边种植春玉米、早熟高粱等诱集作物，对棉铃虫成虫进行人工捕杀。晚播春玉米和夏玉米花丝大部分变红后剪除并带出田外毁掉。还可种植留种芹菜、洋葱、芫荽等蜜源植物诱集成虫，于傍晚喷药杀灭，可有效地降低下一代田间落卵量。

2. 一至三代棉铃虫蛾盛期，每日傍晚用高压汞灯诱杀。

3. 杨树枝把诱杀成虫。二至三代棉铃虫成虫期，取 $10 \sim 15$ 枝两年生、长 $60 \sim 70$ 厘米的杨树枝捆成把，堆沤两天后分插于田间，每 667 平方米 $7 \sim 10$ 把，要高出作物 30 厘米，每天日出前用编织袋套住枝把捕蛾，并可为测报提供成虫发生量的数据。

4. 性诱剂诱杀成虫。一至三代棉铃虫盛蛾初期，在田间支三角架，上放小盆，在高出水面 $1 \sim 2$ 厘米上方用铁丝悬挂诱芯，盆要高于作物 30 厘米，每天捞出水盆中诱到的成虫，并要添足水。每 2 000 ~ 2 500 平方米地设一诱盆，10 天换一次诱芯。连片最小诱蛾面积不小于 14 000 平方千米。

黄粉虫

黄粉虫俗名面包虫，为鞘翅目拟步行科粉甲属的昆虫。

黄粉虫是完全变态的昆虫，即成虫、卵、幼虫、蛹 4 种变态。

成虫体长而扁，长 1.4 ~ 1.8 厘米，黑褐色具有金属光泽，头部为前口式，唇基两侧不超过触觉基部。

成虫在羽化过程中，头、胸、足为淡棕色，腹部和鞘翅为乳白色，开始虫体稚嫩，不愿活动，4—5 天后颜色变深，鞘翅变硬，灵活但不飞，爬行较快，经精心喂养后，成虫群体交尾、产卵。

成虫每次产卵 2 ~ 4 粒，每只雌虫约产卵 300 粒，散产于饲料底部的筛网上，成虫期为 50 天左右。卵白色椭圆形，大小约 1 毫米。

黄粉虫

卵期 8—10 天左右，刚孵出的幼虫很小，长约 3 毫米，乳白色，体节较明显，有 3 对胸足，在第九腹节有一双尾突。2 天后开始进食。如果温度在 25℃ ~ 30℃饲料含水量在 13% ~ 18%，大约 8 天蜕去第一次皮，变为二龄幼虫，体长增至 5 毫米。以后大约在 35 天内又经过 6 次蜕皮，最后成为 8 龄老熟幼虫，这时幼虫呈黄色，体长增至 25 毫米。

幼虫在蜕皮过程中，每蜕皮一次体长明显增大，在适宜的温度 25℃ ~ 28℃ 空气湿度 50% ~ 90%时，八龄幼虫约 10 天即变成蛹。

刚变成的蛹为乳白色，以后逐渐变黄、变硬，长约 16 毫米，头大尾小两边有棱角，蛹常浮在饲料的表面，即使把它放在饲料底下，不久会爬上来，蛹约 7 天后变成蛾。

刚羽化的蛾子为乳白色，头部金黄色，身体幼嫩，不太活跃，也不进食，以后逐渐变黄，约3—5天变黑色，开始觅食、交配、产卵。

黄粉虫以卵产出到性成熟总共约70天。蛾子的雌雄比例1：1，一生交配多次，交配时雄虫在雌虫背上进行交配，交配后的雌虫每天产卵约15~20粒，产卵盛期长达两个月，以后逐渐减少。

黄粉虫年发生8—10代，以卵在果台、树皮裂缝、翘皮下或枝干上、果柄脱落层等处越冬，但造成为害的均是在树皮下过冬的群体。

春季梨开花期，黄粉虫卵开始孵化，若虫于翘皮下嫩皮处刺吸汁液为害，羽化后产卵繁殖，麦收前后部分成虫转移到嫩枝、果台、果梗上繁殖为害，但仍有相当数量在树皮缝内为害。6月中旬部分成虫转移到果面、果实的萼洼处为害，并继续产卵繁殖3—4代，6月下旬大部分成虫开始向果上转移，7月上、中旬为害加重，8月为害最重。

黄粉虫喜欢荫蔽环境，多在背阴处从内膛开始为害，逐步发展到中上部，严重时遍布全树。其发生数量与5、6、7月份降雨有关，雨量大或持续降雨不利其发生，温暖干燥对其发生有利。

套袋是绿色果品生产的必要条件之一，但黄粉虫成虫、若虫均有忌光钻袋习性，若虫有背旋光性，套袋后为其提供了适宜的生长繁殖条件，加之入袋后药剂难以触及，更难做到虫卵兼治，从而导致为害猖獗。

另外，黄粉虫为多汁软体动物，脂肪含量，蛋白质含量达50％。此外，还含有磷、钾、铁、钠、铝等多种微量元素以及动物生长必需的16种氨基酸，每100克干品，含氨基酸高达874.9毫克，其各种营养成份居各类饲料之首。

据测定，1千克黄粉虫的营养价值相当于25千克麦麸、20千克混合饲料和1 000千克青饲料的营养价值，被誉为"蛋白质

棉铃虫的成虫及幼虫

饲料宝库"。是饲养家禽及鱼、龟、、黄鳝、非鲫、牛蛙、娃娃鱼、蝎子、蜈蚣、蛇等特种养殖不可多得的极好饲料。

知识点

蛋　白　质

蛋白质是生命的物质基础，没有蛋白质就没有生命。因此，它是与生命及与各种形式的生命活动紧密联系在一起的物质。机体中的每一个细胞和所有重要组成部分都有蛋白质参与。蛋白质占人体重量的 16% ~ 20%。人体内蛋白质的种类很多，性质、功能各异，但都是由 20 多种氨基酸按不同比例组合而成的，并在体内不断进行代谢与更新。

食入的蛋白质在体内经过消化被水解成氨基酸被吸收后，重新合成人体所需蛋白质，同时新的蛋白质又在不断代谢与分解，时刻处于动态平衡中。

延伸阅读

黄粉虫的食品加工

将黄粉虫进行食品加工遇到的主要问题是处理表皮，黄粉虫体壁及组织结构与其他节肢动物一样，为外骨骼。而其外骨骼的表皮结构以几丁质为主。几丁质结构十分稳定、结实，一般条件下很难以强酸强碱使其软化分解。因此，直接影响到所黄粉虫加工食品的口感，表皮粗糙、坚硬而无味，更不易消化吸收。处理表皮的方法有三种：

1. 用黄粉虫酶破坏表皮几丁质大分子间稳定的键，使其能水解、滤出内办法需结合几丁质的提取加工，否则表皮滤出而无用则是一种浪费。烘烤黄粉虫食品比较简单易行，用小食品常规加工方法来加工黄粉虫原料。以酶法软化几丁质，在设备和技术上要求较高，但是规模化生产昆虫食品，采用酶法生产技术是必然的趋势。

2. 将黄粉虫表皮通过过滤的方法除去，用其体液来加工食品，表皮做提取几丁质的原料。

3. 以黄粉虫烘、烤、炸等办法加工食品，直接以高温破坏表皮，使其变焦酥香，具香味，直接食用。

金龟子

金龟子属无脊椎动物，昆虫纲，鞘翅目是一种杂食性害虫。除为害梨、桃、李、葡萄、苹果、柑橘等外，还为害柳、桑、樟、女贞等林木。

金龟子科是鞘翅目中的 1 个大科，种类很多。

成虫体多为卵圆形，或椭圆形，触角鳃叶状，由 9 ~ 11 节组成，各节都能自由开闭。体壳坚硬，表面光滑，多有金属光泽。前翅坚硬，后翅膜质，多在夜间活动，有趋旋光性。有的种类还有拟死现象，受惊后即落地装死。

成虫一般雄大雌小，为害植物的叶、花、芽及果实等地上部分。夏季交配产卵，卵多产在树根旁土壤中。

幼虫乳白色，体常弯曲呈马蹄形，背上多横皱纹，尾部有刺毛，生活于土中，一般称为"蛴螬"。啮食植物根和块茎或幼苗等地下部分，为主要的地下害虫。

蛴螬体长因种类而异，一般长约 30 ~ 40 毫米。乳白色，肥胖，常弯曲成马蹄形（即蛴螬型）。头部大而坚硬，红褐或黄褐色。体表多皱纹和细毛，胸足 3 对。尾部灰白色，光滑。发生遍及中国各地。

蛴螬是杂食性害虫，许多种类会对经济作物造成危害。主要为害小麦、大麦、玉米、高粱、粟、豆类、花生、甘薯、蔬菜、

蛴　螬

甜菜、甘蔗等，也为害果树和林木及其幼苗。大田作物受幼虫及成虫为害后，造成缺苗断垄或使植株发育不良，严重时造成毁灭性灾害。金龟子取食多种果树和林木的叶片，有的种类也为害作物叶、花、果穗等。

金龟子生活史较长，除成虫有部分时间出土外，其他虫态均在地下生活。在中国完成一代的时间一般为 1—2 年到 3—6 年。

老熟幼虫在地下作茧化蛹。

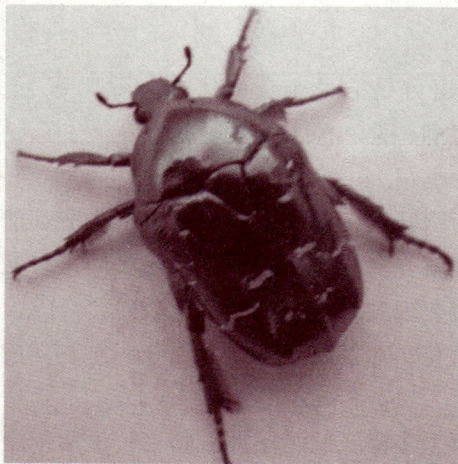

金龟子

金龟子为完全变态。全世界约有 3 万多种，我国约有 1 300 种，常见的有黑玛绒金龟、东北大黑鳃角、铜绿丽金龟和喜在白天活动的铜罗花金等，为害大豆、花生、甜菜、小麦、粟、薯类等作物。

金龟子是害虫，成虫咬食叶片成网状孔洞和缺刻，严重时仅剩主脉，群集为害时更为严重。常在傍晚至晚上 10 时咬食最盛。

金龟子的触角呈鳃叶状，足节的部分常呈多分叉状。

成虫食性各异，有的以植物根茎叶为食，有的以腐败有机物为食，也有以粪便为食者。幼虫多生活于土中，以土中有机物为食。

常见的有铜绿金龟子、朝鲜黑金龟子、茶色金龟子、暗黑金龟子等。独角仙是比较大的金龟子。非洲产的大角金龟属（共 11 种），如大角金龟、帝王大角金龟、白纹大角金龟等，是世界上最大和最重的金龟子种类。

铜绿金龟子

成虫体长 18～21 毫米，宽 8～10 毫米。背面铜绿色，有光泽，前胸背板两侧为黄色。鞘翅有栗色反光，并有 3 条纵纹突起。雄虫腹面深棕褐色，雌虫腹面为淡黄褐色。卵为圆形，乳白色。幼虫乳白色，体肥，并向腹面弯成"C"形，有胸足 3 对，头部为褐色。

朝鲜黑金龟子

成虫体长 20~25 毫米，宽 8~11 毫米。黑褐色，有光泽，鞘翅黑褐色，两鞘翅会合处呈纵线隆起，每一鞘翅上有 3 条纵隆起线。雄虫末节腹面中部凹陷，前方有一较深的横沟；雌虫则中部隆起，横沟不明显。

暗黑金龟子

成虫体长 18~22 毫米，宽 8~9 毫米，暗黑褐色无光泽。鞘翅上有 3 条纵隆起线。翅上及腹部有短小蓝灰绒毛，鞘翅上有 4 条不明显的纵线。

茶色金龟子

成虫体长 10 毫米左右，宽 4~5 毫米。茶褐色，密生黄褐色短毛。鞘翅上有 4 条不明显的纵线。

独角仙

又称双叉犀金龟，体大而威武。不包括头上的犄角，其体长就达 35~60 毫米，体宽 18~38 毫米，呈长椭圆形，脊面十分隆拱。体栗褐到深棕褐色，头部较小；触角有 10 节，其中鳃片部由 3 节组成。雌雄异型，雄虫头顶生 1 末端双分叉的角突，前胸背板中央生 1 末端分叉的角突，背面比较滑亮。雌虫体型略小，头胸上均无角突，但头面中央隆起，横列小突 3 个，前胸背板前部中央有一丁字形凹沟，背面较为粗暗。三对长足强大有力，末端均有利爪 1 对，是利于攀爬的有力工具。

独角仙

知识点

经济作物

　　经济作物又称技术作物、工业原料作物。指具有某种特定经济用途的农作物。广义的经济作物还包括蔬菜、瓜果、花卉等园艺作物。

　　按其用途分为：纤维作物（棉花、麻类、蚕桑）；油料作物（花生、油菜、芝麻、大豆、向日葵等）；糖料作物（甜菜、甘蔗）；饮料作物（茶叶、咖啡、可可）；嗜好作物（烟叶）；药用作物（人参、灵芝、贝母等）；热带作物（橡胶、椰子、油棕、剑麻、蛋黄果等）。

　　按所处温度带分为：分为热带经济作物、亚热带经济作物、温带经济作物。

➤➤➤ 延伸阅读

我国古代对蛴螬药用记载

　　《本草图经》：蛴螬，今处处有之。《尔雅》所谓蛴螬。郭璞云，在粪土中者是也。而诸朽木中蠹虫，形亦相似，但洁白于粪土中者，即《尔雅》所云：蝤蛴，蝎；又云：蝎；又云：蝎，桑虫。郭云在木中虽通名蝎，所在异者是也。苏恭以为入药当用木中者，乃与《本经》云生积粪草中相戾矣。有名未用中自有桑虫条，桑虫即也，与此主疗殊别。

　　《纲目》：蛴螬，《本事方》治筋急，养血地黄丸中用之，取其治血痹也。陈氏《经验方》云：盛冲母失明，取蛴螬蒸熟食，目即开。与《本经》治目中青翳白膜，《药性论》汁滴目中去翳障之说相合。《婴童百问》治破伤风，又符疗骨折、敷恶疮、金疮内塞、主血、止痛之说也。盖此药能行血分、散结滞，故能治以上诸病。

　　《长沙药解》：蛴螬，能化瘀血，最消块。《金匮》大黄蛰虫丸用之，治虚劳腹满，内有干血，以其破瘀而化积也。

《本经》：主恶血血瘀痹气，破折血在胁下坚满痛，月闭，目中淫肤、青翳白膜。

《别录》：疗吐血在胸腹不去及破骨折血结，金疮内塞，产后中寒，下乳汁。

《药性论》：汁滴目中，去翳障，主血，止痛。

《本草拾遗》：主赤白游疹，疹擦破，碎蛴螬取汁涂之。

蓟 马

蓟马是一种靠植物汁液维生的昆虫，在动物分类学中属于昆虫纲缨翅目。

蓟马成虫体长约 1 毫米，金黄色，卵长 0.2 毫米，长椭圆形，淡黄色。肉眼可见叶背面成虫、若虫。成虫多在叶脉间吸取汁液，因其较小不易看到，生产中常被忽视。

蓟马体长一般为 0.5 ~ 7 毫米，也有少数种类体长可达 8 ~ 10 毫米。体细长而扁，或为圆筒形；颜色为黄褐、苍白或黑色，有的若虫红色。有翅种类单眼 2 ~ 3 个，无翅种类无单眼。口器锉吸式，上颚口针多不对称。翅狭长，边缘有很多长而整齐的缨状缘毛。足跗节端部有可伸缩的端泡。

蓟马一年四季均有发生。春、夏、秋三季主要发生在露地，冬季主要在温室大棚中，为害茄子、黄瓜、芸豆、辣椒、西瓜等作物。发生高峰期在秋季或入冬的 11—12 月份，3—5 月份则是第二个高峰期。

雌成虫主要行孤雌生殖，偶有两性生殖，极难见到雄虫。卵散产于叶肉组织内，每雌产卵 22—35 粒。雌成虫寿命 8—10 天。卵期在 5—6 月份为 6—7 天。

若虫在叶背取食到高龄末期停止取食，落入表土化蛹。成虫极活跃，善飞能跳，可借自然力迁移扩散。

成虫怕强光，多在背光场所集中为害。阴天、早晨、傍晚和夜间才在寄主表面活动。这也是蓟马难防治的原因之一。

蓟马喜欢温暖、干旱的天气，其适温为 23℃ ~ 28℃，适宜空气相对湿度为 40% ~ 70%；湿度过大不能存活，当湿度达到 100%，温度达 31℃时，若虫全部死亡。在雨季，如遇连阴多雨，葱的叶腋间积水，能导致若虫死亡。大雨后或浇水后致使土壤板结，使若虫不能入土化蛹和蛹不能孵化成虫。

蓟马以成虫和若虫锉吸植株幼嫩组织（枝梢、叶片、花、果实等）汁液，被害的嫩叶、嫩梢变硬卷曲枯萎，植株生长缓慢，节间缩短；幼嫩果实（如茄子、黄瓜、西瓜等）被害后会硬化，严重时造成落果，严重影响产量和品质。

嫩叶受害后使叶片变薄，叶片中脉两侧出现灰白色或灰褐色条斑，表皮呈灰褐色，出现变形、卷曲，生长势弱，易与侧多食跗线螨为害相混淆。

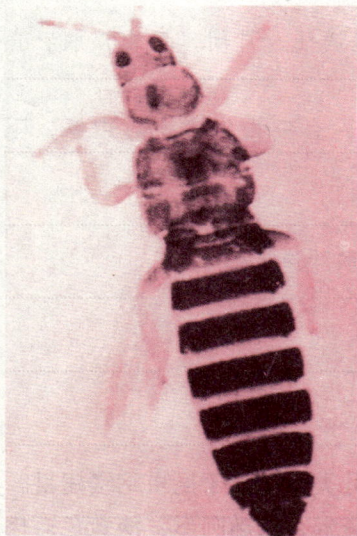

葱蓟马

幼果受害表皮油胞破裂，逐渐失水干缩，疤痕随果实膨大而扩展，呈现不同形状的木栓化银白色或灰白色的斑痕。但也有少部分发生在果腰等部位。

蓟马种类很多，在瓜果、蔬菜上发生为害的主要种类有瓜蓟马、葱蓟马等，此外还有稻蓟马、西花蓟马等。

瓜蓟马

瓜蓟马又称棕榈蓟马、棕黄蓟马，主要危害节瓜、冬瓜、西瓜、苦瓜、百红柿、茄子及豆类蔬菜。成虫、若虫以锉吸式口器取食心叶、嫩芽、花器和幼果汁液，嫩叶嫩梢受害，组织变硬缩小，茸毛变灰褐或黑褐色，植株生长缓慢，节间缩短，幼瓜受害，果实硬化，瓜毛变黑，造成落瓜。

葱蓟马

葱蓟马又称烟蓟马、棉蓟马，体型较大，体长约1.2～1.4毫米，体色自浅黄色至深褐色不等。年发生8—10代，世代重叠。葱蓟马寄主范围广泛，达30种以上，主要受害的作物有葱、洋葱、大蒜等百合科蔬菜和葫芦科、茄科蔬菜及棉花等。保护地栽培环境条件有利于蓟马的发生，由于其繁殖速度快，若不及时防治，会造成灾害性危害，严重影响植株的生长及果实的品质。

葱蓟马为不完全变态昆虫，若虫有四龄，后二龄处于不取食状态，常被称为"前蛹"及"蛹"，其实为三龄、四龄若虫。成虫较活跃，能飞能跳。怕阳光，白天多在叶荫或叶腋处为害，阴天和夜间才到叶面上活动为害。雌虫以产卵器刺入叶内产卵，1次产1粒，每头雌虫1生可产卵数十粒到近百粒。

稻蓟马

稻蓟马寄主有稻、麦、游草、稗、看麦娘等，稻蓟马除上述寄主外，还可在玉米、高粱、甘蔗、烟草、豆类上寄生。

稻蓟马成、若虫锉吸叶片，吸取汁液，轻者出现花白斑，重者使叶尖卷褶枯黄，受害严重者秧苗返青慢，萎缩不发。稻管蓟马主要危害穗粒和花器，引起籽粒不实。若危害心叶，常引起叶片扭曲，叶鞘不能伸展，还破坏颖壳，形成空粒。

成虫性活泼，迁移扩散能力强，水稻出苗后就侵入秧田。天气晴朗时，成虫白天多栖息于心叶及卷叶内，早晨和傍晚常在叶

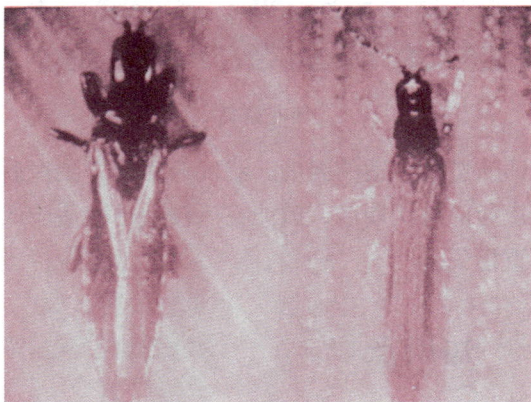

稻蓟马

面爬动。雄虫罕见，主要营孤雌生殖。卵散产于叶面正面脉间的表皮下组织内，多产于水稻分蘖期，圆秆拔节后卵量减少。初孵若虫多潜入未展开的心叶、叶鞘或卷叶内取食。

稻蓟马不耐高温，最适宜温度为15℃～25℃，18℃时产卵最多，超过28℃时，生长和繁殖即受抑制。

西花蓟马

西花蓟马是一种世界著名的危险性害虫，原产于北美洲，1955年首先在夏威夷考艾岛发现，1980年前主要分布于美国北达科他州与得克萨斯州以西，以及加拿大英属哥伦比亚，曾是美国加利福尼亚州最常见的一种蓟马。但自

1980 年以后，该害虫适应性显著增强，不再局限于原先的生存环境，相继扩散到荷兰、丹麦、法国、芬兰、日本等地，已成为一种世界性的重要害虫。

西花蓟马

该虫取食植株的茎、叶、花、果，导致植株枯萎，同时还传播包括臭名昭著的西红柿斑萎病毒在内的多种病毒。其寄主范围广，食性杂，寄主植物多达 500 余种，包括多种蔬菜、花卉、棉花等重要经济作物，而且在其扩散过程中，其寄主植物种类一直在持续增加，呈现明显的寄主谱扩张现象。远距离扩散主要依靠人为因素如种苗、花卉调运以及人工携带等，在运销途中即使遭遇不适的温度、湿度等劣境，到埠后仍能存活并保持相当的活力，经过短暂的潜伏期后，就能在入侵地迅速适应成为当地的重大害虫，造成农作物严重损失。

知识点

分 蘖 期

　　分蘖期，禾谷类作物的物候期。标准为第一个分蘖芽萌发，并从基部叶腋内伸出 1~2 厘米。全田 50% 以上植株出现分蘖的日期为全田分蘖期。

　　早期生出的能抽穗结实的分蘖称为有效分蘖，晚期生出的不能抽穗或抽穗而不结实的称为无效分蘖。有效分蘖与单位面积的穗数直接有关。如小麦的分蘖数要受水、肥、光照、温度、农业措施等多种条件的影响。条件适当，分蘖就多。从理论上讲，分蘖是无限的。

　　分蘖是小麦、水稻等禾谷类作物的重要特性，分蘖期是采取措施对分蘖数量进行促控，建立合理的群体结构，增长根系的重要时期。

延伸阅读

蓟马的防治

1. 农业防治

早春清除田间杂草和枯枝残叶，集中烧毁或深埋，消灭越冬成虫和若虫。加强肥水管理，促使植株生长健壮，减轻为害。

2. 物理防治

利用蓟马趋蓝色的习性，在田间设置蓝色粘板，诱杀成虫，粘板高度与作物持平。

3. 化学防治

可选择都定乳油 1 500 倍液、欣惠康可湿性粉剂 2 000 倍液、5% 啶虫脒可湿性粉剂 2 500 倍液、定击乳油 2 500 倍液、抗虱丁可湿性粉剂 1 000 倍液、禾安乳油 1 000 倍液、博打乳油 1 500 倍液。为提高防效，农药要交替轮换使用。在喷雾防治时，应做到全面细致，以减少残留虫口。

家居中的昆虫

　　昆虫同人类的关系是十分复杂的，构成复杂关系的主要因素之一是昆虫食性的异常广泛。根据前人的估计，昆虫中有48.2%是植食性的；28%是捕食性的，捕食其他昆虫和小型动物；2.4%是寄生的，寄生在其他昆虫动物体外和体内；还有17.3%食腐败的生物有机体和动物排泄物。

　　还有一类与我们更加息息相关的昆虫，它们竟然要把人类当做自己的食物来源。当然，它们不是像食肉动物那样大口地吃肉，它们对人类的危害方式主要就是吸食人或者牲畜的血液，还可以在人体和动物之间传播大量的疾病，包括黄热病、疟疾、伤寒和病毒性脑炎、传染性斑疹伤寒等多种可怕疾病，严重的时候很可能会造成某个地区人群的集体性传染病流行以及大批牲畜的死亡。

虱　子

　　虱子属于昆虫纲，虱目。虱子的寿命大约有6个星期，每一雌虱每天约产10粒卵，虱子卵可坚固地黏附在人和动物体的毛发或衣服上，在人和动物体的身体环境中，经过8天左右即可孵化成幼虫，立刻咬人吸血，经过两三周后通过3次蜕皮就即可长为成虫。

　　虱为渐变态，生活史中有卵、若虫和成虫3期。

卵椭圆形，约0.8毫米×0.3毫米，白色，俗称虮子。卵黏附在毛发或纤维上，其游离端有盖，上有气孔和小室。若虫就从卵盖处孵出，其外形与成虫相似，但较小，尤以腹部较短，生殖器官尚未发育成熟。若虫经3次蜕皮长为成虫。

虱类是已经完全适应宿主体表环境的寄生昆虫，对寄生环境要求比较恒定、专一，喜黑暗。

虱类有群集的习性，头虱主要寄生在头部毛发中，多集中在耳后发根；体虱多集中于衣领、衣缝、裤腰处，阴虱则主要集中于会阴部的阴毛中。

虱类若虫和成虫均嗜吸血，而且专吸人血，若虫每日至少需吸血一次，成虫则需数次吸血，雌虱吸血量和频度均较雄虱多，常边吸血边排粪。

虱类不耐饥，当吸不到血时，最多能活10天。

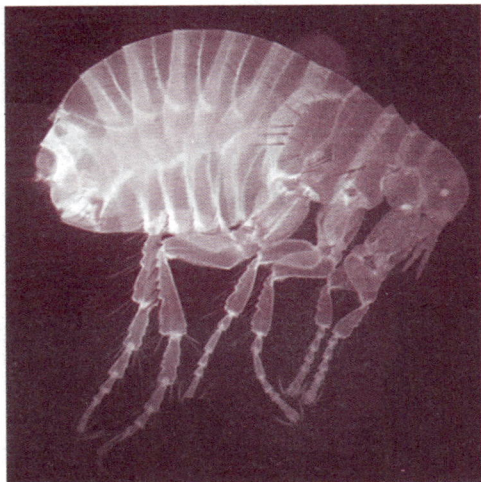

显微镜下的头虱

虱类对温度和湿度都极为敏感，既怕湿又怕冷，0℃以下不活动，10℃时慢慢爬行，30℃时非常活跃，44℃则很快死亡，寄生于人体的虱类只适应正常人体表的温度和湿度，一般情况下不会离开人体，阴虱离开人体后两天即会死亡。人虱靠人与人之间直接或间接接触传播，阴虱主要通过性接触传播。

虱类叮咬人体时，分泌的唾液进入人体皮肤内使皮肤发痒，用手搔、抓可使皮肤破损，进而导致继发感染发生，并形成脓疮。

虱吸血时还可以传播多种疾病，体虱和头虱被认为是传播流行性斑疹伤寒、虱传回归热的主要媒介，体虱还可以传播战壕热。当发生战争或自然灾害时，由于卫生水平下降，人群相对集中，更有利于虱类传播疾病。

另外，虱传疾病冬季多发，与个人卫生状况有关。

寄生在人体的虱子有：体虱，头虱，和阴虱三种，其中以体虱最为重要，它是传播流行性斑疹伤寒、虱传回归热及战壕热等的主要媒介。

体虱

俗称衣虱，为灰色或灰白色，头略呈橄榄形，胸节融合不能区分，在中胸两侧有气孔一对。腹长而扁，分 9 节，外观可见 7 节，每节两侧气孔一对，雄虱腹部尾端圆钝，雌虱尾端分叉，形似 W 形状。

头虱

体色较深黑，体型较小，腹部边缘为暗黑色，其他与体虱相似。

阴虱

灰白色，体宽与体长几乎相等，腹短，分节不明显，两侧有疣状突出，以最后一对为最大，前腿细小，中及后腿粗大。

人虱产卵量可达 300 枚，阴虱约为 30 枚。在最适的温度（29℃～32℃）、湿度（76%）下，人虱由卵发育到成虫需 23—30 天，阴虱约需 34—41 天。雌性人虱寿命为 30—60 天，阴虱寿命不到 30 天；雄虱的寿命较短。

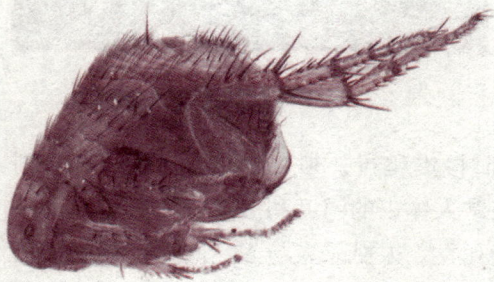

虱 子

若虫和雌雄成虫都嗜吸人血。成虫需吸血数次，常边吸血边排粪。虱对温度和湿度都极其敏感，既怕热怕湿，又怕冷。由于正常人体表的温、湿度正是虱的最适温湿度，虱一般情况下不会离开人体。当宿主患病或剧烈运动后体温升高、汗湿衣着，或病死后尸体变冷，虱即爬离原来的宿主。以上习性对于虱的散布和传播疾病都有重要作用。

人虱的散播是由于人与人间的直接和间接接触引起。阴虱的传播主要是通过性交。

寄生于家畜的虱类约有 13 种，分隶于血虱科和毛虱科。最常见的是血虱属种类，主要寄生于有蹄类动物。

猪血虱寄生于家猪和野猪；水牛血虱寄生于水牛；牛血虱寄生于黄牛；驴血虱寄生于马和驴；毛虱属也是在家畜身上常见的种类，其中犊毛虱寄生于黄牛；绵羊毛虱和非洲毛虱寄生于绵羊；山羊毛虱寄生于山羊。它们大多在世界各地广泛分布，对家畜造成程度不同的危害。

除少数寄生于人、畜的虱子外，多数是寄生于啮齿类动物的种类。主要隶属于甲胁虱科、多板虱科和恩兰虱科，共约350种，估计占虱类总数的$\frac{2}{3}$。甲胁虱属、多板虱属、新血虱属和恩兰虱属包括的种类最多，也最常见。

知识点

战壕热

战壕热由五日热立克次体引起、经体虱传播的急性传染病。又称五日热、华伦热。潜伏期2—4周，有畏寒、发热、剧烈头痛、肌肉疼痛、眼球痛、脾脏肿大，部分病人可出现充血性斑丘疹。

本病曾在第一次世界大战欧洲战场的战壕中发生广泛流行，今证实在欧洲、非洲（突尼斯、布隆迪、埃塞俄比亚）、中南美洲（墨西哥、玻利维亚）等地人群中亦有特异抗体分布。人是本病原体的唯一已知贮存宿主，人虱是在人群中传播本病的主要媒介

延伸阅读

虱子与人类的起源

关于现代智人的起源，目前学术界有两个不同的假说，即出非洲假说（也叫作替代说）和多地区演化说。

替代假说认为现代智人迁出非洲并迅速被其他人类种所代替而没有发生杂交繁育；多地区演化说认为当来自不同地域的现代智人间以及与远古智人发生交配时就出现了现代人类。

还有一种中立的假说认为当来自非洲的现代人散播到全世界时，他们与其他远古人类发生了杂交繁育。

研究人员认为虱子的历史能够与第三种假说相一致。研究中，来自佛罗里达大学研究人员将虱子的线粒体 DNA 与已经公布的人类进化的资料进行了对比。分析表明两个遗传上有区别的人虱种在 118 万年前出现。他们认为这两个亚类在两种人类（可能是亚洲直立人和非洲远古智人）分化时随之分开。

虱子演化成亚种意味着它们之间再没有什么接触，即也表明它们的人类寄主也一样分开了——这与多地区演化说不符。但是这些数据也表明在不同类的早期人类种间确实存在一些接触。因此被认为生活在直立人身上的虱子在它们的寄主灭绝前的某个时间点上跳到了现代智人身上——这个结论也削弱了替代假说。

尽管多地区演化假说的创立者并不同意这个新的解释，但这个解释也得到了很大一部分人的支持，认为这项研究为人类起源的研究打开了一扇新的窗口。研究人员说，"无论人类经历了怎样的进化过程，虱子记录的是与之完全相同的一段历史"。

臭　虫

臭虫也叫木蚤，昆虫纲、半翅目、臭虫科。在我国古时又称床虱、壁虱。臭虫有一对臭腺，能分泌一种异常臭液，此种臭液有防御天敌和促进交配之用，臭虫爬过的地方，都留下难闻的臭气，故名臭虫。

臭虫为不完全变态，生活史分卵、若虫和成虫 3 期。

臭　虫

卵黄白色，长圆形，卵壳有网状纹，前端有盖。经 6—7 天，从卵盖处钻出，形似成虫而较小，蜕皮 5 次后变为成虫。在适宜温度（35℃~37℃）时，由卵发育至成虫约需 1 个月左右。气候温暖处，1 年至少可有 5—6 代。

臭虫对人体的危害主要是夜间叮咬吸血，扰人睡眠。叮咬时，其唾液注入皮内，中含异性蛋白质，可致局部红肿，奇痒难忍。若长期被较多臭虫叮咬，可产生贫血（尤其是营养不良者）、神经过敏及失眠，严重影响健康。

虽然在实验室内臭虫可传播回归热螺旋体、鼠疫杆菌等病原体，但尚未证实在自然状态下臭虫能传播疾病。

臭虫可以在一个相当广泛的温度和大气成分比例环境里存活。当环境温度下降至16.1℃时，会进入半休眠状态，使之能够存活更久；即使温度下跌至 -10℃，臭虫仍然能够存活至少 5 天；但若暴露于 -32℃ 的低温，则会在 15 分钟后死亡。

臭虫具高度抗旱性，即使在气温达 35℃ ~ 40℃ 而且湿度低的环境里，在失去了体重的 $\frac{1}{3}$ 后仍能存活；但在其较早期的生长阶段，其抗旱能力较差。

臭虫一般过群居生活，因此在适宜隐匿的场所常常发现有大批臭虫聚集。住房的床架、棕棚、蚊帐、草席、桌椅等家具和用具的缝隙是臭虫的主要栖息场所，在严重侵害处，墙缝、地板、门窗、画镜线等处缝隙均能发现，在其栖息场所也常见有许多棕褐色的臭虫粪迹。

不论是若虫，或是雌雄成虫，它们都在晚上偷偷地爬出来，凭借刺吸式的口器嗜吸人血；在找不到人血时，也吸食家兔、白鼠和鸡的血。臭虫吸血很快，5—10 分钟就能吸饱。冬季停止吸血和产卵。成虫耐饥力强，可 1 年不吸血。

人被臭虫叮咬后，常引起皮肤发痒，过敏的人被叮咬后有明显的刺激反应，伤口常出现红肿、奇痒，如搔破后往往引起细菌感染。抓破后引起继发感染，骚扰睡眠和休息，影响人们的健康和工作。此外，已有从自然界采集的臭虫分离到某些病原体的报道，并证实能在臭虫体内繁殖和随粪便排出。

通常臭虫最活跃的时间段是在黎明，在黎明到来之前的一个小时处于性攻击高峰期。臭虫会传播多种疾病，如回归热、麻风、鼠疫、小儿麻痹、结核病、锥虫病、东方疖、黑热病等。

知识点

回归热

回归热是由回归热螺旋体经虫媒传播引起的急性传染病，临床特点为周期性高热伴全身疼痛、肝脾肿大和出血倾向，重症可有黄疸。根据传播媒介不同，可分为虱传回归热（流行性回归热）和蜱传回归热（地方性回归热）两种类型。

▶▶▶ **延伸阅读**

臭虫的防治

环境防治：环境防治的目的是铲除孳生条件，即整顿室内卫生，清除杂物，对床板、墙壁、棕棚等容易孳生臭虫的缝隙，用石灰或油灰堵嵌，有臭虫孳生的墙纸必须撕下烧掉。

物理防治：

1. 人工捕捉：敲击床架、床板、炕席、草垫等，将臭虫震下、处死，或用针、铁丝挑出缝隙中的臭虫，予以杀灭臭虫。

2. 沸水浇烫：臭虫不耐高温，可用开水将虫卵和成虫全部烫死、对有臭虫孳生的床架、床板等用具可搬至室外，用装有沸水的水壶口对准缝隙，缓慢移动浇烫，务必使缝隙处达到高温，以烫死臭虫及其卵，对孳生有臭虫的衣服、蚊帐，可用开水浸泡。

3. 太阳曝晒：对不能用开水烫泡的衣物，可放到强烈的太阳光下曝晒 1—4 小时，并给予翻动，使臭虫因高温晒死或爬出而被杀死。

4. 防止散布：在有臭虫活动的居室，对行李家具等物品的迁移（搬迁或买卖），务必严格检查，并做处理，以防止臭虫的带出、带入而造成播散。

家蝇

家蝇为昆虫纲、双翅目、家蝇科、家蝇属动物，广布于世界各地。

家蝇卵白色，微小，长椭圆形，长约 1 毫米，在卵壳背面有 2 条脊。卵粒多互相堆叠，1 克卵约有 13 000～14 000 粒。

幼虫灰白色，无足；体后端钝圆，前端逐渐尖削。蝇类的幼虫连头在内共14节，但明显的只11节，幼虫以气管呼吸，头退化，胸、腹节相似。初孵幼虫体长约2毫米、体重约0.08毫克，3日龄或4日龄幼虫体长8~12毫米，体重20~25毫克。幼虫口钩爪状，左边一个较右边一个小。两端气门式，前气门由6~8个乳头状突起排列构成，扇形；后气门呈D字形。

家蝇的蛹被称为围蛹，系第三龄幼虫不蜕皮收缩而成。由于蛹仍有末期幼虫的皮，构造基本上与末期幼虫同。因此在前端有前气门，在后端有后气门。在蛹的第三四节之间两侧另有两个突起，即蛹之气门，向内接连于中胸气门。蛹大多数呈桶状，约6.5毫米长，初化蛹时为黄白色，后渐变为棕红、深褐色，有光泽。

成虫体中型，长6~7毫米，灰褐色。眼红褐色，雄蝇的双眼彼此靠近，

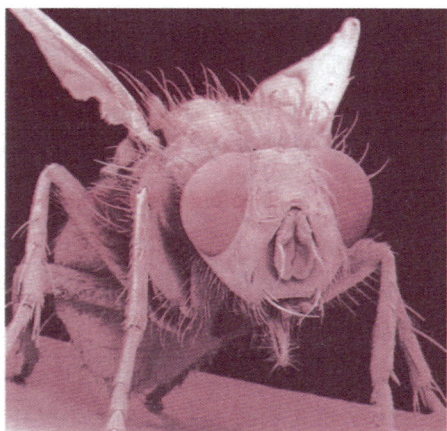

家　蝇

额宽为一眼的$\frac{1}{4}$左右，单眼三角与复眼内缘间的宽度只及单眼三角横径的$\frac{1}{2}$或较窄；雌蝇的两眼间有一定的距离。触角芒的上、下侧都有较长的纤毛。

成虫口器舔吸式，幼虫口器刮吸式。胸背部有4条明显的黑色纵纹。翅透明，基部稍带黄色；脉序中，第四纵脉末端向前方弯曲急锐导致梢端与第三纵脉的梢端靠近。腋瓣大，不透明，色微黄。足黑色，末端有爪1对、扁爪垫1对和刺状爪间突1个。

成蝇的主要食物是液汁、牛乳、糖水、腐烂的水果、含蛋白质的液体、痰、粪等。也喜在湿润的物体如口、鼻孔、眼、疮疖、伤口、切开的肉面及各种食物上寻求食物。总之，一切有臭味的、潮湿的或可以溶解的物质都为家蝇所嗜食。

家蝇口器中的唇瓣，当吸取食物时充分展形。唇瓣的内壁很柔软，能紧密地贴住食物的表面，然后通过内壁上的环沟将汁液物质吸入。这样不到半分钟，家蝇就能得到一次充分的饱食。

对于吸食干燥的物质，例如干的血液或糖、痰以及糕饼之类时，家蝇先吐出涎腺的分泌液，或呕出藏于嗉囊内一部分吸食的液汁，即一般所称的吐滴以

溶解之，然后再行吸取。

雄蝇仅喂水与糖或其他能吸收的碳水化合物，就活得很好；雌蝇因为要产卵需要蛋白质或氨基酸，但无需脂类物质。

家蝇能进食各类食品及垃圾、排泄物（包括汗及畜粪）。家蝇触角上的嗅觉器不十分灵敏，仅能被较近距离的食物气味所吸引，它凭着视觉进行广泛的探索活动，以寻找食物。对湿度与臭味的辨别仅在短距离内，家蝇能嗅出发酵与腐烂物质的气味，以及醇类、低级脂肪酸、醛类及脂类。

另外，对有毒物质如氯仿、甲醛及某些有机磷农药亦有反应。有实验证明，家蝇有辨别食物气味及光刺激的能力。

成蝇仅在白天或人工光亮中活动，黑暗时静止或仅能缓慢地爬行。成蝇对光的反应很复杂。新羽化的成蝇向上爬，但喜欢暗黑处。较老的家蝇对光无一定的趋性，有时喜欢暗黑或在光暗交界处，也有向光。被干扰的群集家蝇常向光亮方向飞。

家蝇对颜色的反应有不同的试验结果。用有颜色的表面试验，家蝇常避开光滑而反光的表面。在室内家蝇常喜欢深黑、深红的表面，蓝色次之，但在室外则喜欢黄及白的表面而避开黑的。试验还发现家蝇对不同颜色的光源（排除热的吸引）没有显着差异。

家蝇喜停留在家屋内，在家屋中所捕集的蝇类中，家蝇约占95％～98％。温度、湿度、风、光、颜色及表面活性能影响家蝇的活动与栖息。表面的性质是家蝇选择栖息场所的重要因素，它喜欢在粗面上停息，特别是在边缘上。

家蝇在炎热大气下，白天一般常在室外活动或在门户开放的菜市场、加工厂、走廊、商店、旅馆等处活动。如无食物引诱，它常停留在桌面、天花板、地板等较平的面上。在室内，常厨房、厕所、畜舍等有食物的地方活动。气温升到30℃以上，常喜在较阴凉的地方，在较冷的季节尤其是潮湿与有风的天气喜在室内，在农村常集中于畜舍与家畜、粪肥的周围。

夜间栖息在白天活动的场所。较热天气，如温度高于20℃，相当数量的家蝇栖息在室外的树枝、电线、篱笆及离地2米以上的挂绳线、纸条等处。在温度15℃～20℃之间，少量家蝇仍留在室外，大部分迁入室内。在夏季温度不高的地方，夜间都是室内停留，如在畜舍内，一部分在天花板上，也有不少在隔板的下部分。

家蝇的飞行能力很强，家蝇一小时内可飞6～8千米。但它的本性不善迁飞，不进行长期飞行。它主要在栖息地附近探索或寻找食物，因此，常离孳生地半径100～200米的范围内活动。人们发现，家蝇能逆微风而上2～12千米/小时，也能顺风或横风飞行。

家蝇扩散的重要方式是由运输工具被动地运输。

苍蝇的种类很多，绝大多数蝇种不进房屋，不进畜舍，与人类的关系不是很大，我们看到在房间、饭厅、畜舍、垃圾堆及厕所内到处乱飞的是与人类杂居关系最密切的家蝇。

家蝇在自然条件下，每年发生代数因地而异，在热带和温带地区全年可繁殖10—20代；在终年温暖的地区，家蝇的孳生可终年不绝，但在冬天寒冷的地区，则以蛹期越冬为主。

家蝇每年的消长与空气温度有关系，它能影响发育速度、交配率、产卵前期、产卵与成蝇取食。粪类的发酵温度也是重要因素，热带与亚热带干热季节粪肥的干结，会影响家蝇的繁殖。

家蝇在冬天并不真正休眠。它停留在牛棚或其他建筑物内，那里温度约高于16℃。在近北极地区很少发现成蝇，但有可能藏在保温好的畜舍内。

知识点

碳水化合物

碳水化合物是由碳、氢和氧3种元素组成，由于它所含的氢氧的比例为2：1，和水一样，故称为碳水化合物。它是为人体提供热能的3种主要的营养素中最廉价的营养素。食物中的碳水化合物分成两类：人可以吸收利用的有效碳水化合物如单糖、双糖、多糖和人不能消化的无效碳水化合物如纤维素，是人体必需的物质。

在人们知道碳水化合物的化学性质及其组成以前，碳水化合物已经得到很好的作用，如今含碳水化合物丰富的植物作为食物，利用其制成发酵饮料，作为动物的饲料等。直到18世纪，一名德国学者从甜菜中分离出纯糖和从葡萄中分离出葡萄糖后，碳水化合物研究才得到迅速发展。

延伸阅读

蝇类对人类的贡献

合成抗菌素：一头苍蝇可携带 600 万个细菌，但它自己却很少被感染。科学家发现，苍蝇在生长发育过程中，幼虫会合成抗菌素，使其对病原体具有免疫作用。

黑蝇、肉蝇体内产生 4 种对革兰阴性菌有杀伤力的蛋白，3 种抗革兰阳性菌的蛋白。科学家正设法从中提取这些蛋白，利用转基因工程技术，人工合成抗菌蛋白，再在哺乳动物身上进行实验，最终达到治疗人体微生物疾病的目的。

治骨质疏松的药源：日本东京大学一个研究小组证实苍蝇释放的一种生理活性物质具有抑制"破骨细胞"的作用，可治疗人类的骨质疏松症。

研究人员是用一根蘸有大肠杆菌的针刺进苍蝇体内后，在流出的化合物中发现这种生理活性物质的。这种取名为"5－S－GAD"的物质具有阻碍蛋白质磷氧化酶形成的作用。蛋白质磷氧化酶能促使骨髓细胞分化为损害骨质的破骨细胞和复制癌遗传基因等。骨质疏松症就是破骨细胞作用活跃导致发病的。

电子鼻和气体分析仪的发明：苍蝇除了眼睛特别出色外，它的嗅觉也是异常敏锐。苍蝇的嗅觉器官能很好地搜集飘浮在空气中的各种气味，甚至能嗅到 40 千米以外的食物源。

科学家研究了苍蝇的嗅觉系统后发现苍蝇是如何将化学反应转化为电脉冲形式的发生机制，揭开了其嗅觉灵敏的奥秘。在此基础上，科学家研制出了电子鼻和气体分析仪，用来辨别气味和测定气体的性质。

电子鼻可用于在战场上预测敌方是否施放毒气，还可用于在地震后的废墟中寻找受难者。气体分析仪被用于测定诸如潜艇、飞机、航天飞机等舱内气体的含量和成分。

蚊 子

蚊子属于双翅目，是真正的两翼昆虫。蚊子与苍蝇的相似之处在于它们都有两只翅膀。但不同的是，蚊子的翅膀上有鳞片；腿比苍蝇的长；雌蚊有很长的口器——喙，用于刺穿皮肤。

蚊子是一种存在了 3000 多万年的昆虫。在这段时间里，蚊子似乎一直在不断提高自己的技术。现在的它们很擅长找人叮咬。蚊子有一套专门用来跟踪猎物的传感器，包括：

化学传感器——蚊子能察觉远在 36 米外的二氧化碳和乳酸。哺乳动物和鸟类在正常呼吸时会散发出这些气体。汗液中的某些化学物质似乎也能吸引蚊子（不爱出汗的人不招蚊子叮咬）。

视觉传感器——如果你穿着和背景颜色有反差的衣服，尤其是在你穿着这样的衣服移动时，蚊子便会发现并瞄准你。蚊子认为任何移动的目标都是"活的"，活着的目标必然血液充沛，这确实是个好策略。

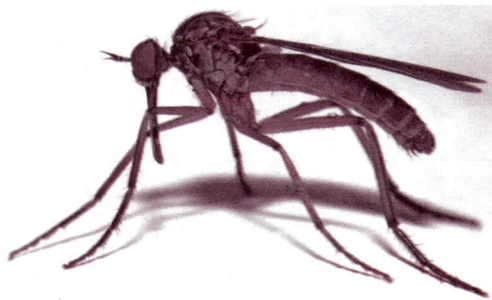

热传感器——蚊子能探测到热，所以一旦与目标之间达到足够近的距离，蚊子就能很容易地发现温血哺乳动物和鸟类。

蚊 子

拥有这么多传感器，乍听上去更像是一架军用飞机而不是昆虫。这就是为什么蚊子如此擅长寻找和叮咬人！

和所有昆虫一样，蚊子成虫的身体有三个基本部分：

头——这里有所有的传感器和叮咬器官。蚊子的头部有两只复眼、用于探测化学物质的触角以及称为触须和喙（只有雌蚊才有用于叮咬的喙）的口器。

胸——这一部分连接有一对翅膀和 6 条腿。它还包括飞行肌、复合心脏、神经细胞的神经中枢及气管。

腹——这一部分包含消化和排泄器官。

世界上有 2 700 多种蚊子，在这些属中，大部分蚊子归为以下三个属：

伊蚊属——有时被称为"洪水"蚊，因为洪水对于它们卵的孵化很重要。伊蚊的腹部尾端是尖的。伊蚊属包括像黄热病蚊（埃及伊蚊）和亚洲虎斑蚊（白纹伊蚊）之类的蚊子。它们的飞行能力很强，能飞到距离出生地很远的地方（最远可达 121 千米）。它们总是叮咬哺乳动物（尤其是人）。主要在清晨和傍晚活动。它们的叮咬很疼。

按蚊属——常在不流动的淡水中繁殖。按蚊的腹部尾端也是尖的。它们包括几种蚊子，比如能将疟疾传播给人的常见疟蚊（四斑按蚊）。

库蚊属——常在静止的水中繁殖。库蚊的腹部尾端较钝。它们包括像北方家蚊（尖音库蚊）之类的几种蚊子。飞行能力较弱，在夏天一般只能存活几周。它们总是在黎明或黄昏后进行叮咬（较之于人更喜欢鸟类）袭击。它们的叮咬很疼。

由于人类侵占了某些蚊子的栖息地，一些像香蒲蚊之类的蚊子正成为更常见的害虫。

伊 蚊

让我们看一下蚊子是如何生存和繁殖的。

和所有的昆虫一样，蚊子是由卵孵化而来的，在发育为成虫之前要经历生命周期中的数个阶段。

雌蚊在水中产卵。蚊子在幼虫期和蛹期完全生活在水中。当蛹发育为成虫后，它们离开水成为自由飞行的陆地昆虫。根据种类的不同，蚊子的生命周期从一周至数周不等（一些种类的雌蚊成虫在交配后可以躲在阴冷潮湿的地方熬过冬天，并在来年春天产卵后死去）。

卵

所有的蚊子都在水中产卵，包括大型水体、静水（像游泳池）或有积水的地方（像树洞或排水沟）。所有雌蚊都在水面产卵，但伊蚊除外，它会在水面之上的安全区域产卵，而这块区域最终会被水淹没。产出的卵可以是单个的，也可以聚在一起形成漂浮的蚊卵筏。大部分卵都能度过冬天，然后在春天孵化。

幼虫

蚂卵孵化成幼虫或"孑孓"。幼虫生活在水面，通过气管或体管来呼吸。幼虫用口器过滤有机物，并生长到约 1～2 厘米长。随着幼虫长大，它们会脱去几次皮（蜕皮）。蚂子幼虫会游泳，当受到惊扰时就会潜入水下。根据水温和蚂子种类的不同，幼虫可以在任何地方生活几天至几周不等。

孑孓

蛹

在第四次蜕皮后，蚂子幼虫变为蛹或"蚂蛹"。根据水温和蚂子种类的不同，蛹可以在水中的任何地方生活 1—4 天不等。蛹浮于水面之上，通过两根小管子（呼吸管）呼吸。尽管蛹不摄食，但仍然非常活跃。在蛹期的最后，蛹会把自己包起来，转变为成虫。

蚂子的幼虫和蛹是水生态系统中鱼类的重要食物来源。

成虫

在蛹壳里，蛹会变成成虫。成虫利用气压穿破蛹壳，爬到安全区域，休息的同时外骨骼开始变硬，并展开翅膀将其晾干。这一过程完成后，蚂子就可以飞走并在陆地上生活了。

成虫要做的第一件事就是寻找配偶、交配然后觅食。雄蚂的口器很短，以植物蜜汁为食。相反，雌蚂的喙很长，可以叮咬动物和人，并以采集到的血液为食（血液可为雌蚂产卵提供必需的蛋白质）。雌蚂吸食血液后，就会产卵（雌蚂每次产卵都需要吸食血液）。通过这种循环，它们可以在任何地方生活多天至数周（甚至可以度过冬天）。而雄蚂通常在交配后只存活几天。蚂子的生命周期随种类和环境条件的变化而不同。

正如之前所提到的，只有雌蚂才会叮咬。它们是被一些东西吸引过来的，包括热（红外线）、光、汗液、体臭、乳酸和二氧化碳等。雌蚊落在皮肤上并将喙刺入皮肤（因为喙很尖很细，所以人可能不会感觉到）。雌蚊的唾液中含有的蛋白质（抗凝剂）能阻止血液凝固。它把血液吸入腹部（一只埃及伊蚊每次吸入大约5微升的鲜血）。

如果雌蚊受到惊扰，它就会飞走。否则，它会一直待到腹部吸满血液为止。如果您切断雌蚊腹部的感觉神经，它就会一直吸血直到腹部爆裂。

雌蚊叮咬之后，它的一些唾液会留在伤口中。这些唾液里的蛋白质会引发体内的免疫反应。被叮咬的地方会肿胀（肿块称为疹块）发痒，这是由雌蚊唾液所引起的。最后，肿胀消退，但是发痒的感觉要持续到免疫细胞分解掉唾液蛋白质后才能消失。

蚊子能传播多种由细菌、寄生虫或病毒引起的疾病。这些疾病包括：

吸血的雌蚊

疟疾——疟疾是由按蚊传播的一种寄生虫所引起的疾病。这种寄生虫在血液里生长，感染人体后能产生遍布全身的症状，持续时间从6—8天或数月不等。症状包括发热、寒战、头痛、肌肉痛和全身不适（类似于流感症状）。疟疾是一种能够导致死亡的严重疾病，但是可以用抗疟药来治疗。疟疾流行于热带或亚热带气候地区。

黄热病——黄热病在非洲很常见。黄热病是由埃及伊蚊传播的。产生的症状类似于疟疾，但还包括恶心、呕吐和黄疸等。与疟疾一样，黄热病也会导致死亡。目前对于这种疾病本身尚无治疗办法，而只能缓解其症状。通过接种疫苗和蚊虫防制可以预防黄热病。

脑炎——脑炎是由伊蚊或脉毛蚊之类的蚊子传播的病毒所引起的。症状包括高热、颈强直、头痛、意识混乱和怠惰、嗜睡。有几种脑炎可以通过蚊子传播，包括圣刘易斯脑炎、西方马脑炎、东方马脑炎、拉克罗斯脑炎以及西尼罗河脑炎。

登革热——登革热是由亚洲虎斑蚊传播的一种疾病，起源于东亚，并于1985年在美国被发现。这种疾病在热带地区也可以通过埃及伊蚊传播。登革热是由一种病毒所引起的，这种病毒能产生从病毒性流感到出血性发热等一系列疾病。登革热对儿童来说尤为危险。

处理蚊子叮咬，应用温和的香皂与水来清洗。即使被叮咬处很痒，也应尽量避免抓挠。一些抗痒药（如炉甘石洗剂或无须处方即可购买的可的松药膏）能缓解瘙痒症状。通常来说不需要治疗，除非感到头晕或恶心，因为那可能表明身体对叮咬产生了严重的过敏反应。

知识点

疫 苗

疫苗为了预防、控制传染病的发生、流行，用于人体预防接种的疫苗类预防性生物制品。生物制品，是指用微生物或其毒素、酶，人或动物的血清、细胞等制备的供预防、诊断和治疗用的制剂。预防接种用的生物制品包括疫苗、菌苗和类毒素。其中，由细菌制成的为菌苗；由病毒、立克次体、螺旋体制成的为疫苗，有时也统称为疫苗。

延伸阅读

蚊子的防治要点

1. 查清蚊种与孳生场所

可从成蚊和蚊幼虫的外形确定蚊种。尽管灭蚊一般是要控制所有种类的吸血蚊虫，但还是需要通过调查了解蚊种构成情况，以便采取针对主要有害蚊种的防治措施。

2. 确定综合防治方案

蚊类综合防治方案既针对蚊幼孳生地，也针对成蚊。根据孳生地调查结果，确定每处孳生地处理的措施，如清除、疏通、填平、加盖、养鱼、投放杀幼虫药剂等。室内蚊类防治应首选生态的、物理的措施。

3. 合理用药，减少环境污染

蚊类孳生地能清除的尽可能清除，使用生物或化学杀蚊剂是最后的选择手段，不论何种药剂不仅要花钱，而且灭蚊剂有一定的效期，要定期重复处理。

蚊类经常停歇的部位，可用长效卫生杀虫剂作滞留喷洒处理，尽可能减少用药造成的环境污染和抗性产生。在蚊类密度很高、或可能发生蚊媒传染病的情况下，可用超低容量喷雾或热烟雾作空间处理杀灭成蚊。

4. 定期检查，巩固防治效果

要对蚊类孳生地进行定期检查，除检查原有的孳生地控制效果之外，还要查看有无新的孳生地产生。要对客户征询蚊虫控制效果的意见，针对客户意见分析原因，调整防治措施。

跳　蚤

跳蚤，属于蚤目。成蚤无翅、体小、外形侧扁，体壁高度角质化，背有向后突起之刺或刚毛；足具双爪，可迅速抓住寄主毛发；口器伸长特化成刺吸式。成虫以哺乳动物及，鸟类为寄主，行吸血性外寄生生活；幼虫则营自由生活。

跳蚤是家庭和粮仓空地中的害虫，且是一种携带病毒的寄生虫。成年跳蚤，无论雄雌，寄居在哺乳动物的皮肤上或毛发里，或是鸟类的羽毛里，完全靠它们的血液为生。但它们强大的嗅觉能使得跳蚤难逃一死。

一只跳蚤可能长约 2.5～6 毫米，身长因种类不同而不同。跳蚤的身体很狭长，这就使得跳蚤能在它的寄主的毛发或羽毛间滑动。向后指的刚毛使得跳蚤很难脱落。它的身体被一层十分坚硬的皮肤保护着，这使得跳蚤能够承受住强大的压力而不至于轻易毙命。跳蚤的腹部是储存血液的地方，比它的头部大很多。它的嘴部组织适合穿刺和吮吸。

跳蚤后腿上的特化组织可以让它跳到身长的 50～150 倍。最高纪录是跳远达到 33 厘米，跳高达到 19.7 厘米。

雌性跳蚤在它的寄主身上产卵。这些卵掉进寄主的寝处或其周围。从卵里孵化出来的是长满刚毛的、像毛虫一样的幼虫。这些非寄生的幼虫，以有机物微粒为食，然后它们把茧拉长并从里面变为成年跳蚤。

蚤类为完全变态昆虫，具卵、幼虫、蛹及成虫4个生长期。

雌蚤吸血后1—4天开始产卵，卵产于寄主窝、巢内及附近地板缝隙中；有些蚤类可产卵于寄主毛发中，然卵会随即掉落地上。

卵乳白色椭圆形，长0.5毫米，两端圆钝，每次吸血产3~18粒；一生产卵数在人蚤为450粒，印度鼠蚤300~400粒、猫蚤800粒。蚤类选择寄主之窝、巢附近产卵，乃为幼虫孵化时即可取食寄主排泄物及地上之有机杂质以为养分；蚤类严重感染时可在猫、狗睡垫上找到大量的蚤卵。

跳 蚤

卵发育与温度、湿度及成虫期营养状况有关，产卵最适温度为18℃~27℃、湿度则在70%以上；35℃~38℃之高温会抑制蚤卵发育，这也说明何以蚤卵不在寄主身上孵化；低温亦限制卵发育，适温下卵期约为2—21天。

胚胎末期头部前额具刺，可划破卵壳孵化成幼虫。

幼虫活泼，行自由生活，体细长，15节，黄白色，体环被刚毛。体呈半透明，透过体壁可见消化道内的食物，若取食血块时则呈暗红色。咀嚼式口器，取食各种寄主巢中及附近之有机质。

另外，成蚤排出之寄主血液代谢物亦可为主食。除了食物的因素外，成虫对于温、湿度的高度敏感。且幼虫对温、湿度的要求极高，因动物巢穴中往往具较高湿度与较稳定的温度，所以蚤类会大量发生于寄主的巢穴或窝中。

又因幼虫无关闭气孔的机制，故会有向高湿度处聚集的现象。因此在房屋周围阴湿处会引起蚤类大量发生，尤其是在富含蛋白质的土壤底层或缝隙中。

另外，即使在食物充足状况下，蚤类幼虫仍有取食附近虫卵的现象，一般相信此乃调节蚤类族群密度的自然法则。

幼虫期为5—9天，但在环境恶劣时可延长至200天。幼虫老熟后会吐丝

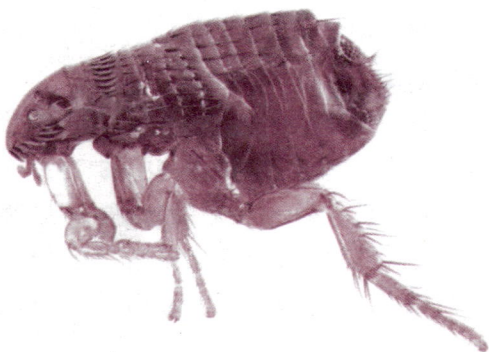

结茧化蛹；茧白色疏松，可见其内之蛹，茧上往往沾有杂质。

蛹为裸蛹，蛹期长短与温、湿度有密切之关系，最短 7 天，最长 1 年。由于环境因子的影响。

蚤类生活史可能有 18 天至 20 个月之差异，一般则在 30—75 天之间。鼠蚤于适合环境下一年有 5—9 代；猫蚤于 24℃下一代为 20—24 天。

成蚤雌、雄均吸血，95% 种类在哺乳动物体上行体外寄生，5% 则以鸟类为寄主。成虫寿命视环境不同而有差异，一般雌蚤寿命长于雄蚤；成蚤具极强之耐饥力，可长时间不吸血而等待其寄主归来。蚤类依其在寄主身上的吸血习性，可分为四类：

（1）会轻易离开其寄主，而转至其他同种或不同种寄主身上。为大多数蚤类的主要特征，如印度鼠蚤。

（2）以口器吸附方式固着于寄主身上某部，不轻易脱离，例如：鸡蚤的雌蚤。

（3）寄生在皮下，例如：潜蚤会寄生在皮下，一般寄生于寄主指（趾）尖或指（趾）间部位，腹末有一开口朝外。

某些鼠蚤会满布于鼠窝附近然却极少附着于寄主身上。

蚤类对人畜的危害

叮咬皮肤瘙痒

跳蚤成虫于叮咬寄主时，会分泌唾液注入皮肤或血液中，刺激寄主免疫系统造成过敏性反应，奇痒难忍。对人类的危害部位多在小腿袜管周缘或腰部裤缘上方，形成外围红晕中央小红点的平坦斑痕。若用指甲搔痒时，伤口二次感染则亦引发皮肤炎，伤口扩大流脓，愈后于伤口处留下瘢痕。宠物受害则造成皮肤炎及脱毛，最后形成所谓癞皮狗。

蚤类传播的疾病

（1）鼠疫。跳蚤媒介鼠疫杆菌，人与啮齿动物间传播，其中以巴西鼠蚤及亚洲鼠蚤最重要；啮齿类间则以其他蚤类传播储备宿主。过去曾有引起数百万人死亡的记录。

跳蚤鼠疫杆菌是引起鼠疫的一种很小的杆菌。这种菌通过老鼠身上的跳蚤

（鼠蚤）传染给人类。跳蚤吸食鼠疫患者的血液后胃中充满了鼠疫的杆菌，食道被细菌阻塞。它们虽是鼠蚤，但有时亦咬人。

这种带菌的跳蚤吸入血时血液因食管被细菌阻塞无法入胃而从口部回流到被咬人的身体里，鼠疫杆菌就在这时随同进入人体，使人患上鼠疫。跳蚤在吸食人血时还可能把粪便排在人的皮肤上，其中也含有大量鼠疫杆菌。因为被咬部位发痒，搔痒时会将鼠疫细菌带入微细的伤口，也能使人染上鼠疫。

（2）地方性斑疹伤寒。主要由印度鼠蚤传播伤寒立克次体给人类引起感染，储备宿主为家鼠，引起之症状轻；死亡率低于2%。

（3）蠕虫病。蚤类为多种绦虫的中间宿主，如犬绦虫，原寄生于猫和狗之间，然可经由蚤传给人，尤其是儿童；印度鼠蚤、亚洲鼠蚤及狗蚤则为鼠长膜壳绦虫的中间寄主。

蚤类经常发生的场所

室内

（1）地板隙缝中。
（2）地毯内或地毯下。
（3）宠物身上。
（4）宠物窝巢内、睡垫中。
（5）宠物窝巢周围的地板。
（6）室内各处角落。
（7）经常积有尘埃处。

室外

（1）屋外角落阴暗、多缝处。
（2）住宅附近树丛下土壤表层内。
（3）室外猫、狗等动物栖息处。
（4）猫、狗等动物经常排泄处。
（5）阳台上杂物堆积处。

知识点

伤 寒

伤寒是由伤寒杆菌引起的急性消化道传染病。主要病理变化为全身单核—巨噬细胞系统的增生性反应，以回肠下段淋巴组织增生、坏死为主要病变。典型病例以持续发热、相对缓脉、神情淡漠、脾大、玫瑰疹和血白细胞减少等为特征，主要并发症为肠出血和肠穿孔。

➤ 延伸阅读

蚤类的防除

1. 平时应注意室内保持通风、干燥，地毯、地板缝隙、屋角及室内盆景周围等蚤类易孳生地点。定期以吸尘器吸净，并应立即将吸尘器内之秽物清除，以防幼虫在吸尘器内孳生。梅雨季节注意室内除湿，宠物窝巢定期曝晒或清洗，若室内蚤类密度较高时，应将地毯送清洗公司，以高温蒸汽处理杀死跳蚤，或置于烈日下曝晒一个下午。

2. 使用杀虫剂，为最有效且最迅速的蚤类防治法。

直接喷洒，适用于局部防治。熏蒸处理，适用于室内全面防治，效果最佳。粉剂撒放，于地毯或地板缝隙等处撒放杀蚤粉剂，效果亦佳，唯易产生吸入性伤害及不易清除之污渍。

以杀蚤粉剂或乳剂为猫狗等宠物洗澡，除去其身上携带的蚤类。采用化学防治须特别注意使用登记合格的杀虫剂，同时应选用对人畜低毒性的人工除虫菊精进行防治，但使用时应注意将水族箱覆盖以免殃及池鱼；使用时餐具、食物及婴儿玩具等物均须收藏妥当，使用后宜将桌面等常接触处用清洁剂拭净，为宠物药洗时最好为其戴上口罩，并在洗后一小时内以清水冲净药剂。

3. 做好小区环境卫生，若发生跳蚤为害时，求助于合格之病媒防治业者，进行小区四周药剂喷洒。扑灭野鼠，捕杀野猫及野狗，防止野猫野狗侵入小区及建筑物之地下室，家猫、家狗定期检疫。

4. 采用生物防治法

原虫：可有效防治幼虫。

寄生蜂：具极高的蚤蛹寄生率。

蚂蚁：玻多黎各曾用在鼠窝周围蚤类之防除，有效的降低地方性斑疹伤寒的流行。

捕食螨虫可在鼠窝附近捕食鼠蚤的卵及幼虫。

红火蚁

红火蚁原分布于南美洲巴拉那河流域（包括巴西、巴拉圭与阿根廷），在20世纪初入侵美国南方。并于2001年及2002年通过货柜箱及草皮从美国蔓延至澳大利亚及中国台湾，然后又通过家居垃圾从台湾再传入中国广东省吴川县，继而蔓延至省内其他城市及香港、澳门。

这原本不起眼的入侵红火蚁，造成美国农业与环境卫生上非常严重的问题，也造成经济上极大损失。美国南方13个州以上超过1000万平方千米的土地被入侵红火蚁所盘据，受侵害地区经济损失每年估计约50亿美元以上，单是农业上的损失即超过7.5亿美元以上。其中包括农业、都会区、住宅区、学校、公共设施、医疗、产业设施、机场、园艺场、墓地、高尔夫球场、电器与电讯设备等。

红火蚁的体型长度为3～6毫米，与其他的蚂蚁差不多。它们体内没有骨骼，但却拥有强硬的外骨架，以坚固的外壳来保护自己。它们以气管来呼吸。

它们的躯体分为头、胸、腹三部分，拥有3对足及1对触角。一如其他蚁种，它们的工蚁和兵蚁全为没有生育能力的雌蚁，蚁后负责生产和孵化蚁卵。在众多火蚁中，由于在每次生育过程只需要一只雄蚁，因此雄蚁的数量远比雌蚁少。

在攻击人类时，它们会以口部抓住目标的皮肤，然后以螫针刺入皮下，注入毒液。每只火蚁可持续螫刺目标多次。

红火蚁不能在极为寒冷的环境下生存，在 –17℃的环境下便会死亡。

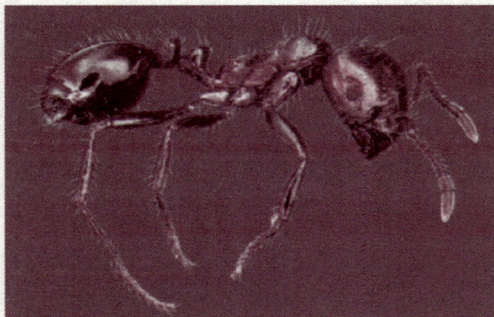

红火蚁

红火蚁生活史包含卵、幼虫、蛹及成虫四阶段，因其为真社会性昆虫，族群分工严密，成虫阶段包括有蚁后、雄蚁及职蚁。

蚁后：由卵发育至成虫约需 180 天；为族群中心，专司繁衍以维持族群之数量，每日可生产数百至数千粒卵，寿命 6—7 年，成熟蚁巢平均每年约可以产生 4 500 只新的蚁后。

雄蚁：由卵发育至成虫约需 180 天；负责与蚁后交配，交配任务完成后很快便会死亡。

职蚁：分为工蚁与兵蚁，小型工蚁由卵发育至成虫约需 20—45 天，大型工蚁需 30—60 天，兵蚁则需约 180 天；职蚁主要负责照顾蚁后、觅食、构筑与保卫蚁巢的工作，皆为不具生殖能力的雌蚁，寿命约 1—6 个月。

红火蚁并没有特定的交配期，只要蚁巢成熟全年都有新的生殖个体形成。蚁后及雄蚁会飞到约 90 ~ 300 米的空中进行交配，完成交配的雌蚁可以飞行 3 ~ 5 千米降落另筑新巢。

成熟蚁巢会以土壤堆出高约 10 ~ 30 厘米、深约 30 ~ 50 厘米、直径约 30 ~ 50 厘米的蚁丘，但新形成蚁巢在 4—9 个月后才会出现高耸的蚁丘。除蚁丘外红火蚁也会以土壤堆出明显的觅食蚁道，这些蚁道可以拓展到 10 ~ 100 米以外。

红火蚁蚁巢可分为两型：

单蚁后型：即蚁巢中仅有一只蚁后，工蚁对附近它巢之火蚁具防御行为，成熟蚁巢中约有 5 万 ~24 万只个体，每公顷可以形成 200 ~ 300 个蚁丘。

多蚁后型：一巢中有多只蚁后，工蚁并不表现地域性行为，成熟的蚁巢中约有 10 万 ~50 万只个体，每平方千米可形成超过 1 000 个蚁丘。

杂食性的红火蚁除了对生态环境中土栖性动物造成伤害，破坏土壤微栖地外，在危害严重的地区往往造成土壤中的蚯蚓被捕食殆尽；红火蚁也会取食农作物的种子、果实、幼芽、嫩茎与根系，影响农作物的成长与收成造成经济上极大的损失。

红火蚁在生态上极具优势，大量捕食无脊椎动物，造成无脊椎动物在生物量、数量与多样性上的锐减，许多原生的蚂蚁还可能因为红火蚁的入侵而灭绝。

红火蚁在取得食物来源方面比其他物种具有优势，有报告指出红火蚁会攻击地栖性脊椎动物，如地栖性鸟类的蛋与雏鸟、蜥蜴的卵与幼体及小型哺乳动物和啮齿类等。

红火蚁极有可能冲击自然生态系，牠们会去搬运及取食植物的种子，造成不同种类植物种子之比例与分布的改变，相较于比其他动物，红火蚁对于植物群聚组成的影响更为重要。

公共设施或电器相关的设备如电表、变电箱、电话总机箱、交通号志机箱、电缆线箱、机场跑道灯箱等也会遭到红火蚁的危害，造成电线短路或设施故障，据统计在美国得克萨斯州光是在这方面的损失每年就高达上千万美元。

火蚁的名称就是在描述被叮咬后如火灼伤般疼痛感，之后还会出现如灼伤般的水泡。红火蚁成熟蚁巢的个体数约可达到20万~50万只，当蚁巢受到外力干扰时，红火蚁会迅速同时出巢攻击，工蚁会以大颚紧咬着皮肤，利用无倒钩的螯针连续刺7~8次，将毒囊中的毒液注入皮肤，毒液中因含有大量以酸及多种毒蛋白，立即引发剧烈的灼热感，此种灼热与痒的感觉将持续1小时以上，4小时后在被咬处会形成白色脓疱，若脓疱破掉，容易引起细菌性的二次感染，甚至可能会造成蜂窝性织炎。

一些体质敏感的人则会因红火蚁的毒液中的水溶性毒蛋白，而产生过敏性反应，严重者甚至会引发过敏性休克而造成死亡。对红火蚁毒蛋白过敏者常会有以下反应，如脸部燥红、一般性的荨麻疹，脸部、眼睛与喉咙肿胀，胸痛，呼吸停止，说话困难模糊，麻痹及心脏病发。

在1998年所做的调查，在南卡罗来纳州约有33 000人因被蚁叮咬而需要就医，其中有15%会产生局部严重的过敏反应，2%会产生有严重系统性反应而造成过敏性休克，而当年便有2件受火蚁直接叮咬而死亡。

被红火蚁叮咬后处理方式：

1. 先冰敷处理被叮咬的部位，并以肥皂与清水清洗被叮咬的患部。

2. 请在医生诊断指示下使用含类固醇的外敷药膏或是口服抗组织胺药剂来缓解瘙痒与肿胀的症状。

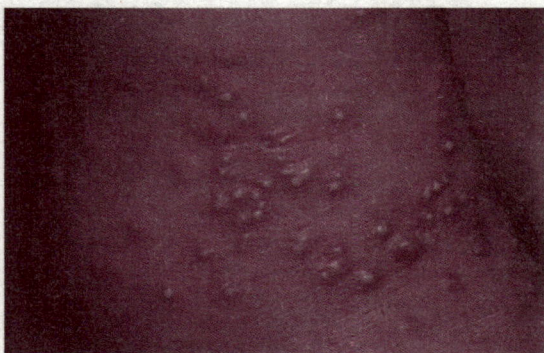

红火蚁蜇伤

3. 被叮咬后尽量避免将脓疱弄破，避免伤口的二次感染。

4. 若是有过敏病史或叮咬后有较剧烈的反应，如全身性瘙痒、荨麻疹、脸部燥红肿胀、呼吸困难、胸痛、心跳加快等症状或其他特殊生理反应时，必须尽速至医疗院所就医。

红火蚁是应当加以消灭的，但在消灭其的过程中一定要注意保护本地的蚂蚁和其他生态系统。一旦破坏了土生蚂蚁的栖息地就有可能造成生态位的空缺，反而有助于入侵红火蚁的传播和发生，因此必须予以认真区分，尤其是区分土著火蚁和入侵红火蚁。

知识点

无脊椎动物

　　无脊椎动物是背侧没有脊柱的动物，它们是动物的原始形式。现存100余万种。包括棘皮动物、软体动物、腔肠动物、节肢动物、海绵动物、线形动物等。

　　一切无脊柱的动物，占现存动物的90%以上。分布于世界各地，在体形上，小至原生动物，大至庞然大物的鱿鱼。一般身体柔软，无坚硬的能附着肌肉的内骨骼，但常有坚硬的外骨骼（如大部分软体动物、甲壳动物及昆虫），用以附着肌肉及保护身体。

延伸阅读

红火蚁的非药剂防治法

1. 沸水处理

可将沸水直接灌入蚁丘，其防除效果近60%。

每个蚁丘至少要使用5~6升的沸水，沸水必须灌注达蚁丘所有区域。

单次的处理成功率较低，必须连续处理5—10天以上，但很容易再发生。

处理过程中应注意安全防护，避免烫伤或伤害周围的植物。

2. 水淹法（清洁剂处理法）

另一种非药剂的防治方法是利用水淹，蚂蚁可以被淹死，但要成功地将蚁丘机会非常小。水淹方法需先将蚁丘挖掘出来，将整个蚁巢放入约15~20升盛满含清洁剂的水桶，放置约24小时以上，才能有效地将成熟蚁巢铲除。注意在挖掘蚁丘时可能会遭受许多红火蚁的攻击，故切勿将蚁巢打翻。在处理蚁巢前应穿戴手套，或配合杀虫剂处理，降低红火蚁爬出叮咬的情形。缺点是无法处理为害面积较大的地区。

3. 生物防治方法

在美国利用生物防治法对付红火蚁虽已有初步成果，但仍未达成熟阶段。目前有两种生物防治法被认为具有控制红火蚁族群密度的潜力，为来自南美洲红火蚁原生地的小芽孢真菌与火蚁寄生蚤蝇；生物防治法虽然无法将红火蚁完全灭绝，但可能降低红火蚁的生存优势，使本土蚂蚁得以与之竞争。

4. 液态氮扑杀

此法乃以 $-196℃$ 之液态氮直接冻毙红火蚁。方法是以高压液态氮经由蚁巢中之通路，直接注入到蚁穴中之大部分空间，利用低温扩散冻结整个蚁巢，期望能达到百分之百歼灭红火蚁族群。

白　蚁

白蚁，亦称虫尉。白蚁体软弱而扁，白色、淡黄色、赤褐色或黑褐色均有，各种不同种类体色不一样。口器为典型的咀嚼式，触角念珠状。有长翅、短翅和无翅型。具翅种类有两对狭长膜质翅，翅的大小、形状以及翅脉序均相似，故称等翅目。白蚁的翅经短时间飞行后，能自基部特有的横缝脱落。

白蚁属社会性群体生活昆虫，并有复杂的组织分工。在一个群体内的个体，从形态和分工上可分为两大类型，即生殖型和非生殖型。

生殖型

生殖型为有性的雌蚁和雄蚁，它们的职责是保持旧群体和创立新群体，在这个类型中有 3 个品级。

（1）大翅型或有翅型：体躯骨化，黄、褐或黑色，有两对发达的翅，脱翅后可以成为创立新群体的父蚁和母蚁。每年春夏之季，雨后天气闷热的傍晚，突然从蚁巢中飞出大量的长翅繁殖蚁，在离巢不远处的建筑物附近低飞，飞行时间很短，这种现象称为婚飞或群飞（分群）。

群蚁在低空飞舞，好像在开舞会，各自毫无拘束地自由选择对象。情投意合者飞落地面，各自脱掉翅膀，雌雄成双追逐，通常为雌前雄后，完成婚配大事，寻找合适场所，建筑新巢，产卵，繁殖后代，另立新的群体。这对新婚的雌雄蚁，就是未来新群体的母蚁和父蚁，也就是新群体中的蚁后和蚁王。这对伴侣终身过着一夫一妻制的文明社会生活。

不过不是婚飞中的所有个体都能成双建立新群，当它们大量飞出时，常被各种鸟类、捕食性昆虫或其他动物吃掉，其中只有少数喜结良缘成为伴侣。尽管是少数，也足以维持其种族繁衍并造成对木质建筑物的危害了。

（2）短翅型：称为补充生殖型，在地栖性种类中较为常见。

（3）无翅型：也是补充生殖蚁，完全是无翅个体。只存在于极原始的种类中。

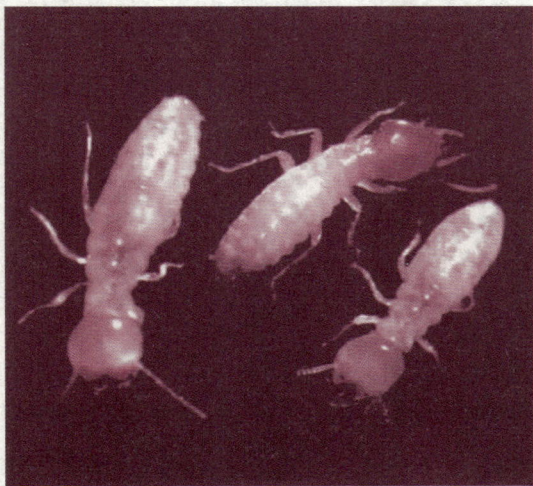

白　蚁

非生殖型

非生殖型是指没有生殖能力的白蚁。它们无翅，生殖器官已经退化，主要担负劳动和作战的任务，因而又有工蚁与兵蚁之分。

（1）工蚁：在蚁群中数量最多，担任巢内很多繁杂的工作，如建筑蚁冢，开掘隧道，修建蚁路，培养菌圃，采集食物，饲育幼蚁与兵蚁，看护蚁卵等。在无兵蚁的种类中，它们还要负责抵御外敌。

（2）兵蚁：虽有雌雄之分，但不能生殖。兵蚁的头部长而高度骨化，上颚发达，但已失去了取食功能，而成为御敌的武器，还可用上颚堵塞洞口、蚁道或王宫入口。由于兵蚁失去了取食功能，因而食物由工蚁饲喂。

兵蚁分两型：大颚型兵蚁——上颚形成各种奇异的形状，好似一把二齿的大叉子。象鼻型兵蚁——头延伸成象鼻状，当它与敌搏斗时，可喷出胶质分泌物，涂抹敌害。

白蚁传播的三种途径

"飞"是指白蚁长翅成虫，成群飞落在建筑物内存活下来，经过几年的生长发育成为新的白蚁群体。

"爬"是指白蚁从地下穿过土地和建筑孔隙"爬"进建筑物进行危害活动。

通过补充型繁殖蚁而扩散群体，进行分群扩散，白蚁又可从巢内或原来的危害处爬到另一场所寻找食料，当条件适宜时，白蚁就会从策源地搬迁而来，定居筑巢。

"带"是指人们在各种活动中无意地把白蚁从一地带到另一地。主要随木结构、包装箱、园林树木等的搬运，将原有蚁害并带有白蚁群体的物体从一个地方携带到另一地方，当条件适当时，就可在新的环境条件下生存并发展群体，而且迅速蔓延扩张。

白蚁属不完全变态的渐变态类，生活史复杂。白蚁按其生活习性又可分为两个类别。

一是木栖性白蚁：群体大小不一，在木质建筑物，如木制门窗、木制地板、木制屋、铁道枕木、木制桥梁、枯树等的啮空部分建巢，取食木质纤维，为木材制品的大害虫。木材被蛀变空，建筑物容易倒塌。铁路枕木被蛀，影响使用寿命，对交通安全威胁极大。

二是土栖白蚁：在地面下土中筑巢，或巢高出地面成塔状，称为蚁冢。土栖性白蚁以树木、树叶和菌类等为食。

白蚁喜食含纤维素物质，主要生活在阴暗潮湿、通风不良、食料集中的环境中。平常除有翅繁殖蚁外，白蚁活动必须在封闭的蚁道、蚁路和蚁巢内进行。白蚁巢是白蚁孳生繁殖、储藏食料、避免外侵和生存的主要环境，有的位于地下，有的在木料、砖墙内，有的在天花板上、墙裙内，有的还可在下水道、暖气管内筑巢营生。白蚁危害极其隐蔽，除每年的2—6月份白蚁分飞期间容易发现白蚁危害外，平时不易发现。

此外，白蚁对自己的生活环境有着良好的适应性，它会利用建筑物本身的漏洞、缝隙和薄弱点，分泌蚁酸轻而易举地腐蚀钢铁、混凝土、电线光缆等物质，达到取食目的。白蚁正从以前砖木结构的建筑向着现代化的钢筋混凝土结构建筑物进攻。白蚁对我们的房屋木质装修装饰能造成重大损失，并可引发房塌人亡、交通通讯中断、堤坝溃决等重大事故，给国家和人民生命带来巨大的损失。

在湖北荆江大堤上，有辆吉普车驶过，突然陷进了堤里；广东有个水库，有头牛在堤上缓步行走，突然陷进了堤里。后来查明，造成这些怪事的罪魁祸首是白蚁。广东漠阳江的堤坝，有次发生18处决口，其中6处是白蚁所破坏的。

因此国家建设部令第72号《城市房屋白蚁预防管理规定》中明确规定："凡白蚁危害地区的新建、改建、扩建、装饰装修的房屋必须实施白蚁预防处理。"

为了保证房屋的住用安全，在新建房屋和装饰装修时应进行白蚁预防，一旦发现有白蚁危害应及时找当地有白蚁防治资质的单位进行灭治。

白蚁是一种危害极大的世界性害虫，俗称"无牙老虎"，它在无声无息中蛀蚀着房屋、家具、衣物、图书，以及破坏装饰一新的新居。据估算我国每年房屋因白蚁危害造成的损失就在几十亿元人民币以上。近几年随着装修的普及，白蚁危害，尤其是高档装修房屋的白蚁危害呈上升趋势。分析认为：

第一，现代装修使用了大量木质材料，给白蚁提供了丰富的食料，甚至有的木材没有经过处理，本身就带有白蚁；

第二，空调等设备的使用，使得白蚁即使在冬天也能正常取食活动、繁殖后代；

第三，由于城市里高楼林立，从一定程度上限制了房间的通风、采光，给白蚁创造了相对安静、阴暗的环境，更适宜其生长繁衍。

如果在装修时不小心使用了带有白蚁的木材或在白蚁分飞季节有翅繁殖蚁飞到了家里，那么不久它们就会繁殖到成千上万只，把精心装修的新居吃得千疮百孔，而这一切都在不知不觉中发生，因为白蚁危害极其隐蔽，表面上一点也看不出来，等到发现时一切都晚了。

知识点

混凝土

混凝土，简称为砼（tóng），是指由胶凝材料将集料胶结成整体的工程复合材料的统称。通常讲的混凝土一词是指用水泥做胶凝材料，沙、石做集料；与水（加或不加外添加剂和掺合料）按一定比例配合，经搅拌、成型、养护而得的水泥混凝土，也称普通混凝土，它广泛应用于土木工程。

延伸阅读

白蚁趣谈

说起白蚁的取食，还有一件有趣的事。据康熙年间出版的《岭南杂记》（吴震方著）记载，公元1684年某衙门银库发现数千两银子失踪，官员们大为惊恐，到处寻找而不见，后来在墙壁下发现一些发亮的白色蛀粉，并在墙角下挖出一个白蚁窝，众官员当时不解，随后将白蚁放进炉内烧死，结果烧出了白银。如果这篇记载属实，则白蚁可以啃食白银是无疑的了。关于白蚁蛀食金属和电缆的事，在我国和国外均有过报道，但到底是哪一种白蚁，无从查考。白蚁主要分布在热带和亚热带地区，在我国长江以南各省分布较普遍。

国外的白蚁也干了不少的恶作剧。它们中有的种类就在地面上活动。在澳大利亚，一大群白蚁曾经咬穿了铅制的墙壁，钻进一个地窖里，把装在木桶里的 7 000 升啤酒"喝"了一大半。然后，又咬穿墙壁进入一家宾馆的房间里，把全部的木器家具蛀坏。在斯里兰卡，一大群白蚁把一座监狱的砖墙"咬"了个大窟窿（其实，是白蚁分泌的蚁酸，把砖墙腐蚀了），结果使关押在那里的一批犯人逃跑了。在埃及，有个农民在古坟地挖土，惊动了穴中的白蚁，于是几百万只白蚁进入城市，建筑物遭到了白蚁的蹂躏。

白蚁破坏性很大，可有时候也能帮人干点事情。

国外科学家在土库曼斯坦卡拉库姆沙漠进行的白蚁尸体详细分析，发现白蚁身上有银、锶、铬、钛、镍、铜等 23 种元素。原来，白蚁钻入地下十几米深的地方，饮用含有盐分的水，时间一久，多种金属就在体内聚积起来，它们的身体就含有多种元素。它可以成为帮助人们寻找矿物的特殊指示器。

蟑 螂

蟑螂，学名蜚蠊。据 2001 年 11 月美国科学家在俄亥俄州东部一个煤矿里发现的一块大约 3 亿年前的完整的蟑螂化石推测，蟑螂起源于 3.5 亿 ~ 2.8 亿年前的石炭纪，与恐龙相比，蟑螂是更早的地球定居者，蟑螂要先于恐龙数百万年出现在地球上。

蟑螂身体扁，卵圆形；触角长，丝状；体壁呈革质光泽，黑或棕色。头向下弯，口器尖端指向后方，而不是像大多数其他昆虫一样指向前方或下方。雄体通常有两对翅；而雌体常为无翅或翅退化，身体上卵荚突出，用以将卵携带。雌体排出卵荚后，若虫从卵荚中孵出，初为白色，暴露于空气中后身体变硬并变为棕色。蟑螂成虫体大，某些种的翅展可达 12 厘米。

蟑螂是渐变态的昆虫，整个生活史包括卵、若虫或成虫三个时期。

雌雄成虫在羽化后的一周左右就能进行交配。雄虫一生能交配多次，但雌虫仅交配一次或两次，一次交配就可使它终生产出受精卵。雌虫产卵在特殊的胶质囊内，形成卵鞘（卵荚）。卵鞘由雌虫分泌物生成，光滑，质较坚硬，具有防水功能，可保护其内胚胎的发育。卵鞘的形状、雌虫一生所产卵鞘数量以及其中所含卵数因种类而不同，就是同一种蟑螂也可因环境条件和营养状况而有所差别。未经交配的雌虫，也能产生卵鞘，但一般不能孵出若虫。

蟑螂的卵呈窄长形，乳白色，半透明，在卵鞘中排成整齐的两列。胚胎头向孔缝。孵化时，若虫向上顶，使闭合的卵鞘缝裂开而逸出。卵鞘中含卵数因种类而不同，即同一种蟑螂卵鞘中的卵数也可因环境条件以及产卵次数而有所差异，少则几粒，多则达50多粒。卵鞘在温度25℃，相对温度60%～80%条件下，卵期约28—90天。

刚从卵鞘孵出的若虫都聚集在卵鞘周围，呈白色，以后颜色逐渐变深，并散开活动，若虫形状类似成虫，只是虫体小，无翅，性器官未成熟。若虫发育缓慢。必须经历多次蜕皮，逐渐长大，触角和尾须节数也随龄期而增长。

若虫最后一次蜕皮后，长出翅膀、羽化为成虫。刚蜕皮的若虫和刚羽化的成虫也呈白色，以后颜色逐渐变深，因而在一个种群中，可见一种蟑螂也可因环境条件而变化。

雌雄两性成虫可凭它们的外部形态很容易区分：雄蟑螂的尾端具有两对附器，一对为分节状尾须，还长有一对细小的针突（腹刺）；雌蟑螂尾端只有一对附器，即尾须，无针突。雄蟑螂的体形一般都比较瘦小、细长，而雌虫螂则肥厚、宽大。

蟑　螂

生活史的长短不仅因种类而异，而且因不同温度、营养等条件而不同。成虫寿命也较长，德国小蠊最短为100天左右，寿命最长的美洲大蠊可存活一年之久。寿命长短也同样因种类以及环境条件而不同。

蟑螂喜欢选择温暖、潮湿、食物丰富和多缝隙的场所栖居，这就是它们孳生所需要的4个基本条件。凡是有人生活和居住的建筑物内，一般都具有这些条件，所以蟑螂就成了侵害千家万户卫生的害虫。

喜暗怕光，昼伏夜出，这也是蟑螂的重要习性。白天它们都隐藏在阴暗避光的场所，如室内的家具、墙壁的缝隙、洞穴中和角落、杂物堆中。一到夜晚，特别在灯闭人睡之后才出外活动，或觅食，或寻求配偶。因而，在一天24小时中，约有75%的时间都是处于休息状态。

蟑螂体扁，适于钻缝藏洞，可以躲进很窄小的缝洞中。它们在缝隙中栖息时，怀卵的雌虫也可在4.5毫米宽的缝隙中栖居。它们在缝隙中栖息时，足紧贴着身体，尾须平伸或与支撑面接触，触角常伸向外面，不时挥动，保持警戒状态。

蟑螂是杂食性昆虫，食物种类非常广泛。各类食品，包括面包、米饭、糕点、荤素熟食品、瓜果以及饮料等等，尤其喜食香、甜、油的面制食品。蟑螂有嗜食油脂的习性，在各种植物油中，香麻油对它们最有引诱力，所以有些地方称它们为"偷油婆"。在食糖中，红糖、饴糖对它们的引诱力最强。除了喜爱各类食品外，它们可啃食棉毛制品、皮革制品、纸张、书籍、肥皂等等。在室外垃圾堆、阴沟和厕所等场所，它们又以腐败的有机物为食，甚而啃咬死动物。

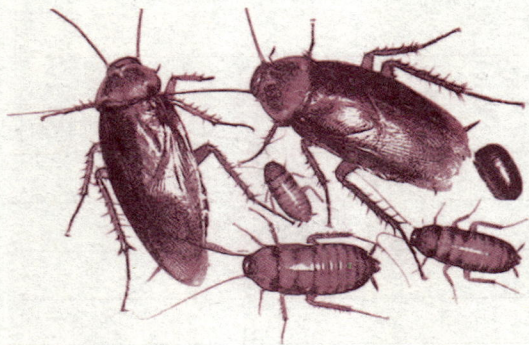

蟑螂虫卵、幼虫及成虫

蟑螂的扩散有两种方式，即主动扩散和被动扩散。

主动扩散：蟑螂的主动扩散是通过它们的爬行或滑翔而散布到不同场所。它们的这项活动主要是为了寻找适宜的栖息环境和必要的生活条件，包括温度、湿度、食物以及隐蔽场所等。

被动扩散：蟑螂的广泛分布，有的种类遍布全球，这是它们被动扩散的结果。在当今交通日益发达，运输更加频繁的时代，这种扩散方式尤其突出。

蟑螂的活动和繁殖，和其他昆虫一样，受温度的影响。在正常情况下，蟑螂的季节消长就是因气温变化而表现的种群或群落的数量变化。

蟑螂的体表和消化道可携带多种病原微生物，如痢疾杆菌、沙门菌、葡萄球菌、大肠杆菌、肝炎病毒、寄生虫卵等，当这些带病原体的蟑螂爬到食品、餐具上时，就可能将病原体传染给人。

蟑螂的分泌物、排泄物、呕吐物还可以引起人体的过敏反应。此外，蟑螂尚可感染导致亚洲霍乱、肺炎、白喉、鼻疽、炭疽以及结核等病的细菌。

蟑螂可携带蛔虫、十二指肠钩口线虫、牛肉绦虫、蛲虫、鞭虫等多种的蠕虫卵。它们还可以作为念珠棘虫、短膜壳绦虫、瘤筒线虫等多种线虫的中间寄主。蟑螂也可以携带多种原虫，其中有四种对人或动物有致病性，如阿米巴痢疾、肠贾第虫病等。

蟑螂也可携带真菌。我国在江苏南京和南通，也曾在室内捕获的蟑螂体内分离出多种真菌，包括大量黄霉曲病菌。

虽然蟑螂携带多种病原体，但一般认为病原体在它们体内不能繁殖，属于机械性传播媒介。然而由于它们的侵害面广、食性杂，既可在垃圾、厕所、盥洗室等场所活动，又可在食品上取食，因而它们引起肠道病和寄生虫卵的传播不容忽视。

此外工厂产品、店中商品以及家中食物等都可因蟑螂咬食各污损造成经济损失。偶而也有因蟑螂侵害而导致通讯设备、电脑等故障，造成事故。

🔍 知识点

炭 疽

炭疽是炭疽杆菌引起的人畜共患急性传染病。主要因食草动物接触土生芽孢而感染所导致的疾病。

人类因接触病畜及其产品或食用病畜的肉类而发生感染。炭疽杆菌从皮肤侵入，引起皮肤炭疽，使皮肤坏死形成焦痂溃疡与周围肿胀和毒血症，也可以引起肺炭疽或肠炭疽，均可并发败血症。

炭疽呈全球分布，以温带、卫生条件差的地区多发。目前人类炭疽的发病率明显下降，但炭疽芽孢的毒力强、易获得、易保存、高潜能、可视性低、容易发送，曾被一些国家作为一种生物武器和恐怖行动。

➡️ 延伸阅读

几种重要的蟑螂种类

美国蟑螂，即美洲大蠊，体长 30～50 毫米，浅红棕色，生活于户外或黑暗、暖和的室内环境（如地下室和有火炉的房间）。成年期长约一年半。雌体可产卵荚 50 个或更多，每个卵荚内含卵约 16 枚，45 天后孵出若虫。若虫期长 11—14 个月。美国蟑螂原产于热带美洲及亚热带美洲，翅发育良好，能飞很长一段距离。

德国蟑螂，即德国姬蠊，是常见的室内害虫。浅棕色，前胸区有两条黑色条纹，雌体交配后 3 天产卵荚并将其携带约 20 天。体型小，长约 12 毫米（不足 0.5 英寸），故常被食品杂货店的装货袋或盒带入家中。已被船舶带到世界各地。一年可产生 3 代乃至更多代。

棕带蟑螂，似德国蟑螂，但稍小一些。雄体的翅发育良好，本色较雌体稍淡，雌体的翅短而无功能。雌雄两性均有两条淡色的条纹横过背部，成虫寿命 200 天。每年可有两个世代。卵可产于衣服、木质花板条或地板缝中。随着有取暖设备的房屋的出现，棕带蟑螂亦出现于较凉爽的地区。

东方蟑螂，即东方蜚蠊，被认为是最肮脏的家庭害虫。体卵圆形，黑色或深棕色，有光泽，体长 25～30 毫米。生活史似美国蟑螂，雄体的翅短而发育良好，而雌体的翅退化。原产于亚洲，后随商人的交通工具分布到所有的温带地区。木蟑螂并非居室害虫。

宾夕法尼亚木蠊，即普通木蟑螂，见于高纬度地区的木石之下。雄体与雌体外形差别极大，一度被视为两个种。雄体长 15～25 毫米，翅的长度超过腹部末端。隐尾蠊的消化道中生活有某些原生动物，故隐尾蠊能消化木头。

蛾 蚋

蛾蚋又名蛾蠓、蝶蝇，是洗手间、卫生间、厕所常见的飞虫。

蛾蚋成虫的体长在 1.5～5 毫米，灰黑色；全身长满细毛。翅膀略呈卵型，翅端尖锐，翅膀的长宽比依种类不同有很大的差异；常见的白斑蛾蚋和星斑蛾蚋，翅膀都比较圆。

蛾蚋没有单眼，复眼很大，并向前突出至触角上方。触角一般是 16 节，但也有退化到只剩下 12 节的。触角的每一节上面都长满各种感觉毛，是蛾蚋体验各种化学味道的大本营。

白斑蛾蚋是比较大型的种类，体长 3～4.5 毫米；身体在胸腹交接处附近有一条圆弧状的白色纹带。栖息时翅膀平放；中央近基部有两个明显的黑点。

星斑蛾蚋体色比较淡，体型也比白斑蛾蚋小，体长只有 2.5～3.5 毫米；栖息时翅膀呈屋脊状，没有任何明显的斑点。

蛾蚋的口器为膜质化的刺吸式口器，没有蚊类的针状口器那么尖锐，无法刺穿动物的皮肤，所以不是吸血性的昆虫。虽然都是膜质化的刺吸式口器，不同类群之间还是有一些差异；一般而言，比较大型的种类如白斑蛾蚋，口器除了尖状的膜质部分外，唇瓣为球根状肥厚增大，比较适合"吸吮式"的进食方式。中、小型的种类如星斑蛾蚋，口器都是尖状的膜质构造，唇瓣的顶端还有 3～6 根齿和 2～6 根刚毛。可以刺破或刺入一些腐败的"有机质"中，以便吸收养分。

蛾蚋的产卵管是由两片细长的尾毛所构成，它的坚硬和尖锐程度，都不足以刺穿动物的"完整"皮肤。功用则是产卵时的引导，而无法在健康的动物进行寄生性的产卵行为。

蛾蚋细长、两端尖的幼虫，在每一个体节的侧面上，都长有一些硬刚毛。身体的膜质部分为白色，白色的膜质上，有不同程度的灰黑

白斑蛾蚋

色细点；背板、头及尾部则是黑褐色。蛾蚋的幼虫是用尾部的呼吸管，伸出水面呼吸；黑褐色的蛹，则是以头部的呼吸角来呼吸空气。

幼虫、蛹的大小也和成虫一样，依种类不同有很大的差异；老熟的白斑蛾蚋幼虫可以长到 8～10 毫米（蛹：5～6 毫米），而星斑蛾蚋就只能长到 7～8 毫米（蛹：3～4 毫米）。

蛾蚋成虫除家室常见外，野外潮湿环境极常见，有的生活在白蚁巢、鼠洞、兽穴等处。水生者除污水外，也有在静水或瀑布之下的。

蛾蚋的成虫静止时翅多呈屋脊状斜覆体上或向后上方斜翘，翅多毛或鳞而似小蛾，故有蛾蚋、蛾蛉、毛蛉等名。短粗多毛，翅梭形呈屋脊状斜放，似小蛾，翅上有不同色毛组成斑纹。

白斑蛾蚋和星斑蛾蚋的幼虫在都市中，主要孳生在含有腐败有机质的浅水域，化粪池、污水池、厕所、浴室洗脸台、地板积水、厨房的水槽、潮湿的抹

RENLEI DE PENGYOU KUNCHONG

布……都能培养出大量的蛾蚋。

　　室外的淤积排水沟、化粪池和一些有机质较高的积水容器中，也能发现蛾蚋幼虫的踪迹。羽化后的蛾蚋成虫大多就近停在墙壁上。

　　蛾蚋的活动不高，机械性传播疾病几率不大，白斑蛾蚋和星斑蛾蚋的生态习性，有散播大肠杆菌疾病的可能性。

　　栖息在白色油漆或磁砖墙壁上的蛾蚋，会影响视觉清爽及室内清洁。蛾蚋的飞行能力不彊，经常停在墙壁上不动，只有在受干扰时才会飞离原地。飞行一小段距离，又停在附近的墙壁上。

　　蛾蚋的"害虫"性，最重要是会造成蝇蛆病，一般都是星斑蛾蚋所造成的。蛾蚋幼虫在一般情形下，是一种自由生活的昆虫，不需要寄生在宿主体内，就能完成生活史。幼虫或卵意外进入宿主体内，也能利用宿主的组织来完成生活史。一般认为蛾蚋性蝇蛆病的产生，是伤口护理、消毒不良等意外因素所造成的兼性寄生

知识点

大肠杆菌病

　　大肠杆菌病，是由大肠杆菌埃希菌的某些致病性血清型菌株引起的疾病总称，是由一定血清型的致病性大肠杆菌及其毒素引起的一种肠道传染病。一年四季均可发生。

　　临床症状及解剖特点以下痢为主要特征，排出黄棕色水样稀粪。体温正常或偏低，腹部膨胀，敲之有击鼓声，晃之有流水声。

　　剖检可见，肝脏肿大质脆；肺炎性水肿，有出血点；胃黏膜脱落，胃壁有大小不一的黑褐色溃疡斑；结肠、盲肠的浆膜和黏膜充血或出血，肠内充满气体和胶胨样物。

···▶ **延伸阅读**

<h2 style="text-align:center">蛾蚋防治方式</h2>

环境整顿

防治蛾蚋最根本的方法为环境的整顿；蛾蚋主要是孳生在各种积水之中，只要把容器积水倒掉、地板或水槽积水清除、室外的水沟维持畅通，就可以把蛾蚋的数量控制住。尽量保持室内不积水、不浸水，就不会有蛾蚋；浴缸、水槽排水口，应用防虫罩，避免蛾蚋自管道进入。至于在化粪池中孳生的幼虫，可以由抽水马桶中投入昆虫生长调节剂，可同时达到防治蛾蚋和白腹丛蚊的目的。

成虫的清除

蛾蚋的飞行能力很差，使用苍蝇拍、电蚊拍、吸尘器就可以有效清除。室外污水积水处孳生情形若很严重，可施用昆虫生长调节剂、水性喷雾杀虫剂，或请专业病媒防治业进行防治。化学药剂可以使用一般家庭用的合成除虫菊精喷雾剂。

幼虫的防治

污化池投以昆虫生长调节剂，会干扰昆虫生活史中激素平衡，使其幼虫无法顺利蜕皮羽化成蛹以致水道、沼泽于发育为成虫交配繁殖下一代。

在无法接近或难以消灭的孳生源头，如污水池、化粪池、卫生下低洼等地，本公司所使用日本原装进口昆虫生长调节剂，使昆虫的幼虫无法顺利蜕皮、化蛹、羽化为成虫继续繁殖，达到防治效果。使用常效、低剂量、无臭、方便、水中生物环保无鱼毒，日本原装进口昆虫生长调节剂另配合成虫药剂使用，达到更快速之全面防治效果。

蠹　鱼

不知你是否注意到，当你在开启抽屉或整理旧书时，常会不经意地发现一种银灰色的小虫，动作敏捷，一瞬间，爬得无影无踪；当你在无意间翻开书本时，发现它躲在书脊的缝隙里，在你还未看清楚它的真面目时，转眼间，它又溜掉了。这就是蠹鱼。

蠹鱼又名衣鱼，古时称其为"蟫鱼"。现在你不妨仔细瞧瞧照片，它的样子是否和鱼儿有点相像？不过，它们只是徒具鱼名的昆虫而已。

蠹鱼虽小，却有着不平凡的经历。早在3亿年前即出现于地球上。今有化石显示，目前世界上的蠹鱼模样，与其祖先在外形结构上并无多大区别，所以称它为"活的化石"亦不为过。

蠹鱼属无翅亚纲，缨尾目，蠹鱼科；体长仅4～13毫米，全身披银灰色细鳞，触角呈丝状，腹部末端具一对长型尾毛及一根中央尾丝。蠹鱼终身无翅，幼虫和成虫除体型有大小外，没有明显差别，生活习性亦相同。全世界约有300种。

蠹鱼喜生活在黑暗温湿的场所，常在夜间出没，见光后迅速逃逸。在阴暗的书堆、仓库、贮藏室、衣橱、厨房壁缝内经常可以找到它们的踪迹。

蠹鱼遍食各种淀粉类食品，例如书籍、壁纸、字画、箱盒、衣服、布匹、档案、花生、芝麻、中草药等，甚至人造纤维也吃；如经常损坏书画的为西洋蠹鱼、啮食衣物的为敏栉蠹鱼、在厨房墙壁上爬行的为小灶蠹鱼。可是蠹鱼对棉花、亚麻布、丝和人造纤维等也毫不抗拒，甚至连其他昆虫尸体、自己脱的皮也是照吃不误。饥饿时甚至连皮革制品、人造纤维布匹等也吃。不过蠹鱼能够挨饿数个月，身体功能也不会受到伤害。

有些种类还乐意与蚂蚁和白蚁为伍，为的是能偷吃它们储藏的食品。蠹鱼是一种重要的居室害虫，必须加强防治。据《本草纲目》记载，蠹鱼亦是一味治疗小儿中风、小便不利等症的药材。

蠹　鱼

RENLEI DE PENGYOU KUNGHONG

由于蠹鱼昼伏夜出的特性，对于它们的交配方式，人们到最近才有更深入的认识。交配时，雄虫跟雌虫会到处窜动。雄虫会产下一个用薄纱包住的精囊；由于生理状态成熟，雌虫会找到该精囊做受精用。当温度在25℃～30℃时，雌虫就会在隐蔽的缝隙里产大约100颗卵；可是在寒冷或干燥的环境下，蠹鱼是不会繁殖的。

按不同生活环境而定，蠹鱼从幼虫变成虫需要至少4个月的时间，不过有时候发育期会长达3年。在室温环境下，大概1年就发育为成虫，寿命为2—8年。一条蠹鱼的一生里会经历大约8次蜕皮；不过蠹鱼不断生长，一年蜕皮4次也不足为奇。幼虫与成虫仅有大小差异，生活习性相同。

蠹鱼最有名的天敌是一种名为地蜈蚣的昆虫。蠹鱼为防止蜘蛛、蝇虎等天敌的捕食，停息时总是不停地摆动着尾梢，诱使天敌将注意力集中到尾梢上来，当尾巴被抓住，分节的尾毛即断掉，身体便可乘机逃脱。

蠹鱼怕日光，常躲在黑暗的地方，到了晚上，蠹鱼才出来蛀食衣服、书籍等。

知识点

中风

中风也叫脑卒中，是中医学对急性脑血管疾病的统称。它是以猝然昏倒，不省人事，伴发口角㖞斜、语言不利而出现半身不遂为主要症状的一类疾病，分为两种类型：缺血性脑卒中和出血性脑卒中。

由于本病发病率高、死亡率高、致残率高、复发率高以及并发症多的特点，所以医学界把它同冠心病、癌症并列为威胁人类健康的三大疾病之一。

延伸阅读

我国古代关于蠹鱼的诗句

吾生如蠹鱼，亦复类熠耀。一生守断简，微火寒自照。

区区心所乐，那顾世间笑。闭门谢俗子，与汝不同调。

——陆游·《灯下读书戏作》

绝句云：

食息不离书，令尹非蠹鱼。

腾身出巢外，编简不如吾。

——吴澄·《题张尹书巢》

闩里间无事，仍寻乱帙繁。

蠹鱼走相告，此老又来翻。

——赵翼《蠹鱼》

我性有奇癖，贪痴似蠹鱼。恨为众生累，不读十年书。

浮海知何补，藏山愿已虚。劝君好爱惜，难得是居诸。

——梁启超·《壮别二址六首》

读书不知味，不如束高阁；

蠹鱼尔何知，终日食糟粕。

——袁枚·《随园诗话补遗》

琐琐如何也赋形，虽无鳞甲有鱼名。

原来全不知书味，枉向书中过一生。

——郭发·《咏蠹鱼诗》

蠼螋

蠼螋，属昆虫类的有翅亚纲革翅目，俗称"耳夹子虫"。传说将产卵的雌蠼螋会通过它的螯，把自己黏着在人体上。在午夜时分，当人睡着的时候，蠼螋就会爬进人的耳朵里，一直钻入人的大脑。接着蠼螋会小心地切断人的颅神经，让可怜的宿主无法察觉。它会产下上千枚卵，4天后，这些幼虫会孵化出来，以柔软的脑组织为食，此时宿主已经完全疯狂，最终极为恐怖地死去。

不过以上的传说不具备科学依据。

蠼螋，为不完全变态类的昆虫，体长小于1~5厘米不等，头扁宽，触角丝状，无单眼，口器咀嚼式。前胸背板发达，方形或长方形。体表革质，有光泽。有翅或无翅。有翅则前翅特化为极小的革翅；后翅大，膜质，扇形或略呈圆形，休息时纵横折叠在前翅下，但常露出前翅外。腹部伸缩自如，末端有由尾毛特化成的尾钳，雌虫尾钳平直，无产卵器。雄虫弯曲，较雌虫发达。铗状尾须可用于防御、捕食和求偶。雄性生殖器的形状常因种类不同而异。大尾蠼科、蠼螋科均有两个阴茎，多数种类的雄虫只有一个阴茎。

蠼螋世界已知近 2 000 种，盛产于热带和亚热带，由温带向寒带种类数递减，但在喜马拉雅地区海拔 5 000 米的高山上也存在它们的踪迹。我国目前已记载211 种。革翅目成员全世界共有 10 科，1 000 多种。

蠼螋生长在土壤中，落叶堆或岩石下，食性杂食。在野外较潮湿的草地、叶面很容易观察到蠼螋，初次认识这种有镰刀状尾夹的小虫都会吓一跳，深怕不小心被夹到，或担心有毒。其实它们遇到骚扰不仅不会主动攻击对方，还会装死然后逃命！当然这个尾夹也是它们防卫的武器，受惊时偶会上举双夹示威，另外蠼螋腹部第三四节的腺褶能分泌特殊的臭气驱敌。

蠼　螋

这类昆虫也会抱卵。雌雄婚配后，在地下挖个 8～10 厘米深的洞，作为育儿室，并将洞壁修理得整整齐齐，雌虫便进入育儿室。耳夹子虫很快开始产卵，产卵完毕，便伏卧在卵堆上，像母鸡孵小鸡一样，经过 20 多天，一个个活泼可爱的儿女出世了。

此时雌蠼螋便将洞口打开，外出给儿女们觅食。新出世不久的幼儿，经常在母亲的周围玩耍，母亲则日日夜夜地照料它们，儿女们渐渐长大，直到 3 龄，母亲才允许它们离开巢穴，独立谋生。

雌蠼螋为儿女操心费力，堪称慈母；而雄蠼螋在抚育儿女方面则什么也不干，因为它在婚配后不久就结束生命死去了。

蠼螋的少数种类危害花卉、贮粮、贮藏果品、家蚕及新鲜昆虫标本，有的种类是蝙蝠和鼠的体外寄生者。

蠼螋一般喜夜间活动，白天常隐藏在土壤、石块、枯枝、垃圾下。

螋蟪多为杂食或肉食种类，多半生活在树皮缝隙，枯朽腐木中或落叶堆下，性喜潮湿阴暗，许多种类习惯夜行，并有趋光飞行的习惯。

知识点

体外寄生虫

体外寄生虫是指寄生于动物体外并暂时性吸取营养的寄生虫。如蚊、白蛉、蚤、虱、�

等。吸血时与宿主体表接触，多数饱食后即离开。

▶ 延伸阅读

常见螋蟪种类

日本螋蟪：为夜出性昆虫，白天隐蔽在地下或枯枝烂叶内或棉铃的苞叶内，阴天或傍晚出来活动。雌虫产卵常数十粒成堆，有较强护卵习性，一旦受惊频繁或遇条件不适宜时，会将自产的卵搬迁或自食掉。成虫有趋旋光性。

蟹螋蟪：这类螋蟪足短，多数缺乏后翅，在有些种连短小坚硬的前翅也没有。许多种呈暗色调，有黑褐色、黑色，或微红色并带有淡黄色或红色的斑纹。触角少于20节，有一对短小的腹部尾钳，但雄虫上可以不对称。

普通螋蟪：这类细长的螋蟪外形多变，但通常呈暗褐色或黑褐色，有暗淡的足和线状触角。雄性螋蟪腹部的尾钳高度弯曲，而雌性的相对较直。

红螋蟪：也称为长脚螋蟪，因为其有长的触角，是相对活跃的种类，呈红褐色。它们通常有翅，尽管有的种无翅。常见种在前胸背板和翅鞘上有暗色条纹。

千姿百态的昆虫世界

丰富多样、神采各异的昆虫种类，它们各自的美与丑、情与趣、好与恶、利与害，全部体现在自身独特的体貌、奇异的言行和非常的生活之中。在这样一个充满活力和神奇的昆虫世界中，无论是美丽的蝴蝶、轻盈的蜻蜓、机敏的蟋蟀、勤劳的蜜蜂，还是丑陋的跳蚤、讨厌的蚊子和蟑螂、成灾的蝗虫，它们都本领各异，独具魅力。

昆虫是凭着它们自身超群的适应性和顽强的求生本领，经过漫长的历史长河，不断发展壮大起来，成为最鼎盛的家族"占领"着地球。曾有位作家写道："昆虫比人类较早出现，它们的顽强性或许会使昆虫比人类活得更远，这里有许多奥秘需要人类去揭示。"

会发光的虫子：萤火虫

夏日黄昏，山涧草丛，灌木林间，常见有一盏盏悬挂在空中的小灯，像是与繁星争辉，又像是对对情侣提灯夜游。如果你用小网，把"小灯"罩住，便会看到它是一种身披硬壳的小甲虫。由于它的腹都末端能发出点点荧光，人们便给它起了个形象的名字——萤火虫。

萤火虫在昆虫大家族中属于鞘翅目，萤科。它们的远房或近亲约有2 000种。

萤火虫是一种神奇而又美丽的昆虫。修长略扁的身体上带有蓝绿色光泽，头上一对带有小齿的触须分为 11 个小节。有 3 对纤细、善于爬行的足。雄的翅鞘发达，后翅像把扇面，平时折叠在前翅下，只有飞翔时才伸展开；雌的翅短或无翅。

萤火虫的一生，经过卵、幼虫、蛹、成虫 4 个完全不同的虫态，属完全变态类昆虫。

萤火虫的发光器官，生长在腹部的第六节和第七节之间。从外表看只是层银灰色的透明薄膜，如果把这层薄膜揭开在放大镜下观察，便可见到数以千计的发光细胞，再下面是反光层，在发光细胞周围密布着小气管和密密麻麻的纤细神经分支。

发光细胞中的主要物质是荧光素和荧光酶。当萤火虫开始活动时，呼吸加快，体内吸进大量氧气，氧气通过小气管进入发光细胞，荧光素在细胞内与起着催化剂作用的荧光酶互相作用时，荧光素就会活化，产生生物氧化反应，导致萤火虫的腹下发出碧莹莹的光亮来。又由于萤火虫不同的呼吸节律，便形成时明时暗的"闪光信号"。人们经过研究，把其发光的过程，列一简单的公式：

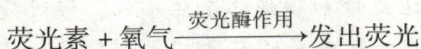

$$荧光素 + 氧气 \xrightarrow{荧光酶作用} 发出荧光$$

萤火虫体内的荧光素并不是用之不竭的，那么它们不间断地多次发光，能量又是从何而来的呢？原来能量来自三磷酸腺苷（简称 ATP），它是一切生物体内供应能源的物质。萤火虫体内有了这种能源，不但能不间断地发光，而且亮度也较强。只有发光结构还不能发光，还要有脑神经系统调节支配。

如果做个实验，将萤火虫的头部切除，发光的机制也就失去作用。萤火虫发光的效率非常高，几乎能将化学能全部转化为可见光，为现代电光源效率的几倍到几十倍。由于光源来自体内的化学物质，因此，萤火虫发出来的光虽亮但没有热量，人们称这种光为"冷光"。

不同种类的萤火虫，闪光的节律变化并不完全一样。美国有的一种萤火虫，雄虫先有节律地发出闪光来，雌虫见到这种光信号后，才准确地闪光两秒钟，雄虫看到同种的光信号，就靠近它结为情侣。

人们曾实验，在雌虫发光结束时，用人工发出两秒钟的闪光，雄虫也会被引诱过来。另有一种萤火虫，雌虫能以准确的时间间隔，发出"亮—灭、亮—灭"的信号来，雄虫收到用灯语表达的"悄悄话"后，立刻发出"亮一灭，亮一灭"的灯语作为回答。信息一经沟通，它们便飞到一起共度良宵。

有一种萤火虫，雄虫之间为争夺伴侣，要有一场激烈的竞争。它们还能发出模仿雌虫的假信号，把别的雄虫引开，好独占"娇娘"。

萤火虫能用灯语对讲的秘密，最早是由美国佛罗里达大学的动物学家劳德埃博士发现的。他用了整整18年的时间研究萤火虫的发光现象。可见揭开一项前人未知的奥秘并非易事。

"囊萤夜读"的故事，已载入教科书中。说的是有位叫作车胤的穷孩子，读书很刻苦，就连夜晚的时间也不肯白白放过，可是又买不起点灯照明的油，他就捉来一些萤火虫，装在能透光的纱布袋中，用来照明读书，后来竟成为有名的学者。这也算是萤火虫的一种实用价值吧！

在非洲也有萤火虫为人利用的记载。非洲有种萤火虫，个体大，发的光也亮，当地人捉来装入小笼，再把小笼固定在脚上，走夜路时可以照明。

我国古书《古今秘苑》中有这样的记载："取羊膀胱吹胀晒干，入萤百余枚，系于罾足网底，群鱼不拘大小，各奔其光，聚而不动，捕之必多。"

知识点

酶

　　酶，早期是在酵母中的意思，指由生物体内活细胞产生的一种生物催化剂。大多数由蛋白质组成（少数为RNA）。能在机体中十分温和的条件下，高效率地催化各种生物化学反应，促进生物体的新陈代谢。

　　生物体由细胞构成，每个细胞由于酶的存在才表现出种种生命活动，体内的新陈代谢才能进行。酶是人体内新陈代谢的催化剂，只有酶存在，人体内才能进行各项生化反应。人体内酶越多，越完整，其生命就越健康。当人体内没有了活性酶，生命也就结束。人类的疾病，大多数均与酶缺乏或合成障碍有关。

延伸阅读

关于吟咏萤火虫的诗

本将秋草并，今与夕风轻。腾空类星陨，拂树若生花。
屏疑神火照，帘似夜珠明。逢君拾光彩，不吝此生轻。

—— （南朝）萧绎·咏萤

的历流光小，飘摇若翅轻。
恐畏无人识，独自暗中明。

—— （南唐）虞世·咏萤

雨打灯难灭，风吹色更明。
若非天上去，定作月边星。

—— （唐）李白·咏萤火

时节变衰草，物色近新秋。
度月影才敛，绕竹光复流。

—— （唐）韦应物·玩萤火

银烛秋光冷画屏，轻罗小扇扑流萤。
天阶夜色凉如水，卧看牵牛织女星。

—— （唐）杜牧·秋夕

幸因腐草出，敢近太阳飞；未足临书卷，时能点客衣。
随风隔幔小，带雨傍林微；十月清霜重，飘零何处归。

—— （唐）杜甫·萤火

能变草的虫子

当你听到昆虫能变草时，一定感到很奇怪。昆虫是动物，草是植物，那么昆虫怎么会变成草呢？不了解大自然中各种生物变迁的真相前，确实感到有些奇妙，其实虫变草的说法是对一种自然现象的误解。

所谓虫变草的现象，大部分发生在青藏高原海拔 3 000～4 000 米的高寒地带，一种名叫蝙蝠蛾的昆虫和菌的结合体。

蝙蝠蛾，鳞翅目蝙蝠蛾科近300种昆虫的统称，全球分布。包括几种最大的蛾类，翅展超过22.5厘米。欧洲和北美的种类多褐或灰色，翅上有银斑；非洲、纽西兰和澳大利亚的种类色鲜艳。飞行很快，但无一定方向。幼虫钻入茎内，或生活在地下吃草根。

蝙蝠蛾的雄虫成虫翅展35~45毫米，雌成虫翅更宽些；雄虫体长14~18毫米，雌虫虫体稍长些。体色褐黄，体表有长毛，前翅前缘褐色，体中部有三角形斑及黑斑。中横线成1条断续的白色宽带，有黄色和灰白色外缘。

蝙蝠蛾后翅为棕黑色，翅上斑纹变化较大，雌性色暗淡，雄性色鲜艳。成虫翅展66~70毫米。体粉褐色至茶褐色。触角短线状。前翅前缘边环状的斑纹，中央有1个深色稍绿色，角形斑纹，斑纹外缘有2条宽的褐色斜带。后翅狭小，腹部长大。卵球形，直径0.6~0.7毫米，黑色，微具光泽。幼虫深褐色、胸、腹部污白色，圆筒形，体具黄褐色瘤突，老熟幼虫体长44~57毫米。

蝙蝠蛾幼虫粗壮，腹足5对，趾钩环式，刚毛着生在毛瘤上。单眼每侧6个，排成两列。幼虫多生活在树木的茎干或根的中间。成虫常在傍晚近地面飞行，颇似蝙蝠。如柳蝙蝠蛾等。此虫虫卵椭圆形，表面光滑。

老熟幼虫体长40毫米左右，头部棕色，体表乳白至灰白色，圆筒形，体节有深色毛基片。腹部、胸部有许多节，每节又有几个小节。腹足5对，趾钩较圆，臀足趾钩肾形。

蝙蝠蛾蛹圆筒形，头顶有角状瘤、蛹、幼虫和成虫，其形态与其他全变态类昆虫如蝴蝶等的形态大体上相似，只是蝙蝠蛾的翅翼特别长些，因而翅展也特别宽些，以及体色和斑纹有不同而已。

每年七八月份，虫草菌侵入寄主蝙蝠蛾幼虫，充分利用虫体营养繁衍菌丝，以至充满整个体腔。染病幼虫钻入土中越冬，约10月份，地温2℃~9℃时，幼虫死亡成为僵虫，随着地温不断下降，僵化程度愈高。

僵化的幼虫头部脱裂线处，开始长出子座。11月直至翌年2月份，地温在1.8℃~2.2℃范围，子座生长非常缓慢。4月下旬地温升至5.5℃时，子座迅速生长。5月初，冰雪融化，土层解冻，子座钻出表土。出土的子座前几天生长最快，10—20天子座呈现棕褐色，顶部开始膨大，产生子囊果。25天后子座停止生长。48天后线形的孢子成熟，地下虫体腐烂，子座开始萎蔫。

虫草菌籽实体上部膨大物为圆柱状的子座，下部为子座柄连接虫体头部，子座内有许多子囊壳，子囊壳内有子囊、每一子囊含有 2～8 个子囊孢子，出土的子座为子囊孢子传播、侵染昆虫创造了有利条件。

当子座中的子囊孢子充满囊壳时，孢子成熟，子囊破裂，真菌孢子散发到空间大地，再去待机感染其他蝙蝠蛾幼虫。没有被真菌感染的蝙蝠蛾幼虫，经过化蛹、羽化为成虫，交配产卵繁殖后代。如此往返，年年有蝙蝠蛾幼虫，年年有虫草在地表出现。

也就是说，冬虫夏草是子囊菌寄生于虫草蝙蝠蛾等昆虫体内而形成的。冬天在感染的昆虫内形成菌核，外表仍保持原来虫形，到次年夏季温暖潮湿时适于菌体生长，从虫体头部长出一根棕色有柄的棒状子座，长 4～11 厘米，粗约 3 毫米，形似一根野草，为此而得名"冬虫夏草"。

由此可见，虫草既不是"冬为虫，夏为草"，也不是"既为虫，又是草"，而是一种虫和菌的结合体。

冬虫夏草主产地多分布于海拔 3 500～5 000 米高山灌丛和高山草甸中，年平均气温 1.5℃左右，最低气温 –22℃，年积温为 1 094.5℃。在这种严寒的环境里，只有低矮的小灌木和构成甸状的植被。植物群落的结构稳定，头花蓼为主群种类，伴生植物有金腰属植物，白头翁，繁缕，天山报春，全缘叶绿绒蒿，扭盔马先蒿等。

中国是认识和应用虫草最早的国家，从西周（前 11 世纪—前 770 年）出土的文物中发现有以虫草作图案的玉雕装饰品。公元 1756 年，（清）赵学敏在《本草纲目拾遗》中记有"夏为草，冬为虫"。（清）吴仪洛在《本草从新》（1757 年）有更进一步的记述："冬在土中，身活如老蚕，有毛能动，至夏则毛虫出土，连身化俱为草，若不取，至冬化为虫。"西方和日本认识虫草都是从中国引进的。1723 年，（法）巴拉南从中药店买到虫草，带回巴黎。1842 年，经贝克莱研究，后由萨卡多在 1883 年正式定名中菌虫草。在中国，人们知道应用虫草比专著记述的年代要早。

蝉开花也是由真菌感染蝉的若虫引起的。它与虫变草的不同点在于，虫草菌感染上的不是蝙蝠蛾幼虫，而是在地下生活的蝉的若虫。

所谓蝉花，并不是蝉会开花，而是真菌寄生在蝉的若虫上的产物，其过程与蝙蝠蛾幼虫被感染相似。

蝉花一词，最早见于中国中药学经典巨著《本草纲目》，书中说："此物出蜀中，其蝉上有一角，如花冠状，谓之蝉花。"蝉花与虫草另一不同点在于，它不仅出现在高寒地区，在坡地及半山区也有踪迹，或者说，只要有蝉发生的区域，都可能有蝉花出现。

知识点

真菌

真菌一词的拉丁文原意是蘑菇。是生物界中很大的一个类群，世界上已被描述的真菌约有1万属12万余种，真菌学家戴芳澜教授估计中国大约有4万种（种为单位）。按照林奈的两界分类系统，人们通常将真菌门，分为鞭毛菌亚门、接合菌亚门、子囊菌亚门、担子菌亚门和半知菌亚门。另外，真菌通常又分为三类，即酵母菌、霉菌和蕈菌（大型真菌），它们归属于不同的亚门。

延伸阅读

虫草的部分种类

正宗的冬虫夏草从其生长环境来分有两种，高原草甸的草原虫草和高海拔阴山峡谷的高山虫草，由于生长环境和土质的差异，它们在色泽和形态方面有些许区别，草原虫草为土黄色，虫体肥大，肉质松软；高山虫草为黑褐色，虫体饱满结实。因草原地域辽阔，是主产地，市面流行多为此品种。而高山虫草来源稀少，但古医书记载的多是这种。从营养成分说，两者差不多，但无论哪种都是以天然本质为贵，一旦染色或受污染，就失去价值。

虫草分很多种，分别有冬虫夏草、亚香棒虫草、凉山虫草、新疆虫草、分枝虫草、藿克虫草、蛹虫草、武夷山虫草、龙洞虫草、张家界虫草、大塔顶虫草、多壳虫草、柔柄虫草、下垂虫草、江西虫草、四川虫草、尖头虫草、巴恩虫草、贵州虫草、赤水虫草、革翅目虫草、拟布班克虫草、珊瑚虫草、娄山虫草、鼠尾虫草、绿核虫草、泽地虫草、茂兰虫草、布氏虫草、高雄山虫草

（淡黄蛹虫草）、球头虫草、金龟子虫草、螳螂虫草、沫蝉虫草、柄壳虫草、拟茂兰虫草、细虫草（黑锤虫草）、发丝虫草、金针虫虫草、日本虫草、辛克莱虫草、喙壳虫草、拟暗绿虫草、峨眉虫草、粉被虫草、大邑虫草、叉尾虫草、杪椤虫草、蜻蜓虫草、蚁虫草、罗伯茨虫草、九州虫草、细柱虫草、戴氏虫草、变形虫草、稻子山虫草、双梭孢虫草、古尼虫草等很多种，广泛意义上的虫草，目前已发现有报道的400多种。

⬡ 潜水高手：龙虱

龙虱是鞘翅目，龙虱科。小到大型，长卵流线形，扁平，光滑。体背腹面拱起，触角丝状，11 节，下颚须短。头部缩入前胸内。后足为游泳足，后基节与后胸腹板占据腹面的一大半。胸部腹面无针刺。

世界已知约 4 000 种，我国记载约 200 种，常见的有黄缘龙虱等。

龙虱为完全变态。成、幼虫都生活在静水或流水中，少数见于卤水或温泉内，均能捕食软体动物、昆虫、蝌蚪或小鱼。幼虫尤其贪食。成虫有趋光性，成虫的臀腺能释放苯甲酸苯、甾类物质对鱼类和其他水生脊椎动物有显著毒性，可危害稻苗和麦苗。

龙虱游水的速度很快，它的流线型躯体很像一艘快速潜艇。两对长而扁的中后足上长着排列整齐的长毛，活像一只四桨的小游船。龙虱体小灵活，便于追逐鱼类。它用刺吸式的口器，吸吮鱼体内的血液，任凭鱼类如何摆动，它都扒在鱼体上不会掉下来。有时几个龙虱同时追逐一条鱼，最后将鱼制服而死；它们便获得了一顿美餐。

龙虱除捕食鱼类之外，还捕食水中其他小动物，是养鱼业的害虫。

龙虱是怎样繁殖生育后代的呢？

到了性成熟发育期，雄龙虱便追赶雌龙虱，用它前足跗节基部膨大的圆形吸盘（抱握足）吸附着雌龙虱光滑的鞘翅前部两侧，并爬到雌龙虱体背进行交配。

由此看来，龙虱还是雌雄异型呢（雌龙虱前足无吸盘）。雌龙虱把受精卵产在水草上，靠水的温度孵化出小幼虫。

小幼虫没有贮气囊，只靠体内气管贮存很少空气，所以在水中的潜伏时间不能太长，要经常游到水面，将腹末的气管露出水面排出废气，吸入新鲜空气。

龙虱幼虫以小鱼、蝌蚪等动物为食，但它没有明显的嘴，上颚也没有嚼碎食物的功能。它的上颚是中空的，基部有一分泌消化物质并连着口腔和食管的小洞，靠近尖端有一个吸取液体食物的小洞口。捕到猎物时，它首先从食管里吐出有毒液体，通过空心的上颚，注入猎物体内，将其麻醉，同时吐出具有强烈消化功能的液体，将猎物体内

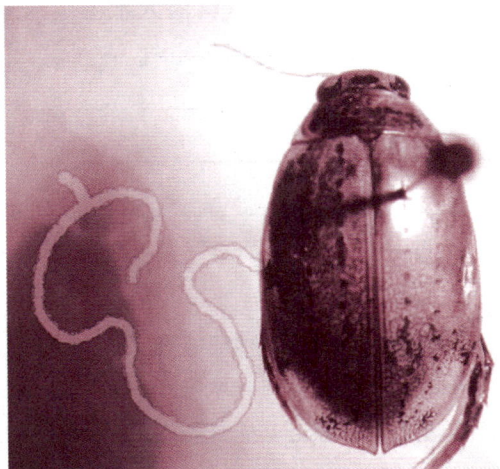

龙 虱

物质稀释，然后吸食经过消化的物质。所以，龙虱幼虫的取食消化方式称为肠外消化。

如果你有兴趣，可以在春夏季节用水网或底网从池塘、河沟或稻田采集一些活的龙虱和水龟虫，放在鱼缸内饲养，并采些蝌蚪或小鱼供它们捕食，以便观察龙虱和水龟虫的生活习性、捕食行为以及呼吸换气等情况。这不仅可以培养你的观察能力，还能提高你对生物学和昆虫学的兴趣。但在饲养过程中要注意换水，放入一些供它们附着栖息的水生植物。

人类的水下作业或深海考察，一般是由潜水员完成的。潜水员需要携带氧气和一套设备，才能维持比较长时间的水下工作。昆虫中也有很多潜水能手，龙虱就是其中杰出的一类，它能长时间潜入很深的塘底。即使冬季，它也能在很厚的冰层下的水底长期潜伏，不会因缺氧窒息而死。寒冬过后，冰层融化，它才结束水下越冬潜伏生活，开始自由自在地在水中游动。

龙虱的祖先原在陆地生活，后来由于地壳的变动而演变为水生，所以它还保留着祖辈呼吸空气的特征。在龙虱鞘翅下面有一个贮气囊，这个贮气囊有着"物理鳃"的功能，当龙虱在水中上下游动时它还起定位作用。

龙虱停在水面时，前翅轻轻抖动，把体内带有二氧化碳的废气排出，然后利用气囊的收缩压力，从空气中吸收新鲜空气。空气中氧的含量比水中多很多倍，因此水生昆虫在长期的进化演变过程中，学会了各种吸取空气的办法。龙

虫依靠贮存的新鲜空气，潜入水中生活。当气囊中氧气用完时，再游出水面，重新排出废气，吸进新鲜空气。

知识点

肠外消化

刺吸式口器类型的昆虫在把口刺入植物组织后由唾液道向组织中分泌唾液，破坏植物的细胞结构，将大分子的物质分解为小分子的可溶于水的营养物质，而后由食管吸食进入体内，把这种消化形式称为体外消化。

延伸阅读

动物中的潜水高手

生活在海洋里的动物种类繁多，许多是潜水高手。那么，在它们当中，谁又是名副其实的潜水冠军呢？

据科学家的研究发现，潜水冠军的头衔应该属于抹香鲸。

抹香鲸是鲸的一种，遍布于全球各大洋，但主要活动在热带和温带海域。抹香鲸身强体壮，雄性的身体长度最长可达23米，雌的可达27米。

抹香鲸的体型就像一个圆锥，头部约占体长的 $\frac{1}{3}$。由于它的头部特别巨大，所以它又有"巨头鲸"的称呼。

抹香鲸这种头重脚轻的体型特别适宜潜水。为了能吃到藏在深海的大王乌贼，抹香鲸常常屏气潜水长达90分钟，能下潜到2 200米的深海，所以它是哺乳动物中的潜水冠军。抹香鲸是凶猛的肉食性动物，就是吃人的大鲨鱼见了它也畏惧三分。

抹香鲸的巨头中有一个特殊的器官，里面装有油状蜡。这个器官具有极其灵敏的探测功能。抹香鲸就是利用它在漆黑的深海里探寻食物，以声呐来代替它的小眼睛。

建筑专家：石蛾

石蛾因外形很像蛾类而得名，但它并不属于蛾类，因为它的翅面具毛，与蛾类的翅大不相同。

石蛾的体型为小型至中型。口器为咀嚼式，极退化，仅下颚须和下唇须显着。头小，能自由活动；复眼大而远离；单眼3个，为毛所覆盖。触角颇长，几乎等于体长，丝状，多节，某部若干环节较大。前胸小，中、后胸相同。翅2对，膜质（有的雌石蛾无翅），前翅略长于后翅，有时远长于体长。脉相原始型，纵脉多，横脉少，后翅常有1个折叠的臀区，休息时，翅于体背折叠呈屋脊状，翅面被有粗细不等的毛或鳞。其足细长，适于奔走，基节甚长，胫节有中距及端距，跗节5节，爪一对，有爪间突，或一对爪垫。腹部10节，第五节有时特化，形成体侧囊，或细长突起。

石蛾是属于毛翅目的昆虫，全世界已知大约有10 000种，我国已知大约有850种。石蛾常见于溪水边，主要在黄昏和晚间活动，白天隐藏于植物中，不取食固体食物，只吸食花蜜或水。石蛾成虫一般只能活几天时间，所以它们都在迫不及待地寻找配偶。

石蛾的变态类型为完全变态，一生经过卵、幼虫、蛹、成虫四个阶段。雌石蛾每次产卵可达300～1 000粒。卵产于水中，借助于胶质附在水中岩石、根干、水生植物上，或悬于水面上的枝条上。幼虫在水中出生，在水中长大。

有趣的是，石蛾成虫并没有它的幼虫有名。它的幼虫叫作石蚕，有"建筑专家"的美誉。石蚕的体型为是蠋型或衣鱼型，体长仅有10～15毫米，直径约2毫米。头、胸部骨化，色深，胸足发达，但腹足缺如，仅腹末有1对臀足，其上具强臀钩。石蚕的习性比较活泼，多为植食性，以藻类、水生微生物或水生高等植物为食，也有肉食性的，捕食小型甲壳类以及蚋、蚊等小型昆虫的幼虫，也有因季节不同而改变食性的，但石蚕本身又是淡水鱼类的饵料。

在河湖或池塘的水底，有一些用沙子或植物的碎枝条、碎叶子做成的小套子。这些套子随着季节的变化而变换颜色。秋冬是深暗色，春夏是鲜绿色。这些奇妙的小套子，就是石蚕为自己建造起来的"房子"，在这个既是栖身之地，也是伪装避敌之所里，石蚕过着舒适安全的日子。

　　石蚕的结巢习性高度发达，从管状到卷曲的蜗牛状巢，形态各异。许多类型的材料，如小石头、沙粒、叶片、枝条、松针，以及蜗牛壳等都可用来筑巢。有的在水面筑简单的巢；有的利用小枝、碎叶、细沙等各种材料，吐丝筑成精巧的小匣，作为可移动的或固定的居室；有的吐丝做成袋状或漏斗状的浮巢，固定一端，悬浮于流水中，取食经过水流的食物。其中可移动巢可以保护其纤薄的体壁。

　　在流速较缓的溪水里，石蚕出世后做的第一件事是赶紧为自己做一件管状的小外套，然后才顾得上吃东西。石蚕能用任何东西做这件外套，但通常用的材料都是取自身边的碎石、枯叶等。如果材料太大，它就用颚将其咬碎，用足举起这些材料端详着，必要时把它旋转个方向，然后小心地粘到自己的身体周围。

　　用什么粘呢？原来它的下唇末端有一块不大的唇舌，舌上有一个能吐丝的腺体，从腺体的孔中分泌出一种遇水速固的黏液，就像胶水一样，有很强的黏性。它还用这种胶水涂在套子的内壁上，形成一层光滑的衬里，就像人们用涂料、壁纸装潢室内墙壁一样。这样，一间舒适的外套就做好了。然后，它把自己柔软的身体包裹在这个手工制作的壳里。

　　这个"外套"具有很好的保护作用，它如同一个能拖着走的活动房子一样，可以让石蚕在水中自在地"闲逛"，不再畏惧其他捕食者的威胁了。一旦遇到敌人它就把头缩进套子里，就像蜗牛缩进壳里一样来躲避可怕的食肉动物。

　　随着幼虫不断长大以及爬行造成的磨损，其外套要不断地加大和修缮，不过这种活动对天天长大的幼虫早已驾轻就熟了。从此，石蚕的吃喝拉撒睡都在这个"安乐窝"里，直到它长大变为成虫，离开水面到陆地上生活时为止。

　　更为有趣的是，石蚕还会根据季节变换外套的颜色。夏天它用绿色材料粘套子。秋天，它用黄褐色材料粘一件褐色外套。因此，小外套不仅是它的衣服、活动房屋，还是它的伪装衣，常常能骗过那些饥饿的捕食者。

　　到了冬天，幼虫全身缩进套子里，并把套子两头的孔封死，它就在里边冬眠和化蛹。石蛾的蛹为强颚离蛹，水生，靠幼虫鳃或皮肤呼吸。化蛹前，幼虫结一茧。筑巢者封巢做茧；自由生活和筑网的幼虫用丝、沙、石子等结卵圆形茧，附着于石头或其他支持物上。蛹具强大上颚，成熟后借此破茧而出，然后游到水面，爬上树干或石头，羽化为成虫。

通常一个完整的石蛾生活史循环需要一年，但少数种类一年两代或两年一代，石蛾一生中大多数时间是在幼虫期度过的，卵期很短，蛹期需2—3周，成虫生活约一个月。

石蚕生活于湖泊、河流以及小溪中，偏爱较冷的无污染水域，生态学忍耐性相对较窄，对水质污染反应灵敏，是显示水流污染程度较好的指示昆虫，也是环保专家研究环境和检测水质好坏的好助手。

同时，它又是许多鱼类的主要食物来源，在淡水生态系统的食物网中占据重要位置。

知识点

生态学忍耐性

生物有机体对环境因素的改变（如出现污染物质）产生的一种耐受和适应的能力，称为忍耐性；这种耐受和适应能力的最大限度，即污染物不危及生物有机体的最大容许浓度，称为生物体的忍耐指标。

忍耐指标的确定在理论和实践上都有很大意义：①水生生物的忍耐指标可用来监测和指示水体污染；②植物的忍耐指标可用以指示探矿和采矿工作；③对有害气体忍耐指标低的敏感植物，可用来指示大气污染；④大力发展那些忍耐指标高又具有净化能力的生物种类，可以净化环境；⑤忍耐指标可作为确定环境容量和环境标准的依据。

延伸阅读

动物中的建筑师

喜欢群居的织巢鸟是空中最友善的飞鸟。它们可以团结起来，在一整棵树上建造一种和"公寓大楼"一样了不起的建筑。300对织巢鸟一起努力，建造这个由许多独立巢穴构成的巨大鸟巢，最大直径可达7.5米宽，高1.5米。最后，每对织巢鸟伴侣都分到一个房间。就和一座庞大的公寓楼一样，织巢鸟建筑有各种各样通往房间的"地下室"入口。

生活在中美洲的蒙特祖马拟椋鸟会在树枝上建造悬挂的巢穴。蒙氏拟椋鸟利用蔓藤编织出悬垂的篮子状鸟巢，多个鸟巢聚集在一起，构成一个小区。建造时，它们利用最坚固的蔓藤锚定鸟巢，而后一点点添加蔓藤和纤维材料，直至整个鸟巢完工。通常情况下，这种热带鸟类选在孤立的大树上建巢。建好的巢穴悬挂在树枝的末端，避免猴子爬进鸟巢，偷食鸟蛋。蒙特祖马拟椋鸟还会采取另一种更为有效的方式抵御入侵者，那就是将鸟巢建在大黄蜂巢穴附近，让大黄蜂充当它们的守门神。

裸鼹鼠有许多名字，包括可能使人产生误解的"沙狗"。但这些名字说明这个贪婪的挖掘工是一种可爱的友好的动物。它是哺乳动物的杰出代表，像蜜蜂一样过群居生活，和蚂蚁、蜜蜂、黄蜂以及白蚁一样有组织。但是，裸鼹鼠比它们的个头更大，长得也更难看。事实上，它是很无情的冷血动物，完全没有疼痛感。这些古怪的动物生活在地下巢穴里，其数量可多达100只。裸鼹鼠用不成比例的巨大牙齿挖洞。这些牙齿位于嘴唇前面而不是后面，这样，它便不会吞下泥土。这种动物能活28年。

目前，世界上记录在案的最长的海狸水坝长达2 800英尺（约853米），存在时间超过10年。从航拍照片上不难看出，至少有2个海狸家庭一起建造了这个创纪录的动物界建筑物。它们在这个沼泽地建造水坝的目的是围住四处流淌的水。这个地区的其他水坝最长的也有1 500英尺（约457米），然而这两个海狸家庭建造的水坝近3 000英尺（约914米），称得上是独一无二的发现。

另类跳高运动员：磕头虫

在昆虫大家族里，不乏跳高、跳远的能手。跳蚤虽然身材十分渺小，却能跳过自身高度的100多倍；棉蝗身体矫健，它跳远的平均成绩，竟是它自身长度的143倍。不过，这些跳高、跳远"冠军"，都有一个共同的特点：它们都有一对发达、强健，适宜弹跳的后足。有一种善于跳高的虫，它跳高的方式却与众不同，它就是我们要说的不用足跳高的虫——磕头虫。

磕头虫也叫大黑叩头虫，鞘翅目叩头虫总科的一科。通称叩头虫。

磕头虫的幼虫是黄色，像针一样，也叫"金针虫"，常常钻在地面下啃咬植物的种子、根和茎。叩头虫分布很广，对麦类、玉米、高粱、陆稻、粟、薯类、棉花、蔬菜等作物危害很大。最常见的有沟叩头虫和褐纹叩头虫。

磕头虫多为中小型种类，头小，体狭长，末端尖削，略扁。体色呈灰、褐、棕等暗色，体表被细毛或鳞片状毛，组成不同的花斑或条纹。有些大型种类则体色艳丽，具有光泽。完全变态。生活史较长，2—5年完成一代。幼虫身体细长，颜色金黄，故称金针虫、铁线虫。它生活在地下土壤内，可为害播下的种子、植物根和块茎，是重要的地下害虫。世界记载的磕头虫已超过1万种，我国已知约600种。

磕头虫不断叩头的动作，是它逃跑的一种形式。所以，叩头虫叩头是为了躲避危险和越过障碍的本能。

磕头虫是一种常见的小甲虫。虽说它能跳起40多厘米的高度，创出跳过自身高度50多倍的惊人纪录，可是它却只有3对又短又小的胸足。这短小的胸足和其它善跳昆虫的强健后足比起来，实在是小得可怜。靠这样的足，只能用来爬行，根本不能去跳高、跳远，更不要说去跳过自身高度的几十倍了。

磕头虫

磕头虫是怎样创造出跳过身高50倍的惊人纪录的呢？难倒它真还有什么特异的功能吗？

要解开这个谜并不难，我们只要捉来一只磕头虫，认真地观察一番，看看它是怎样"跳高"的，就能真相大白。

原来，使磕头虫"跳"得高的秘密武器是它的前胸腹有一个像合页似的关键。当磕头虫腹朝天，背朝地躺在地面上时，它便将自己的头用力向后仰，拱起体背，在身下形成一个三角形的空区，然后猛然收缩体内的背纵肌，使前胸突然伸直，这时候，它的背部就会猛烈撞击地面，在反作用力的作用下，磕头虫的身体就会被猛然弹向空中。就这样，磕头虫没有用腿，却成了"跳高"的能手。

有趣的是，磕头虫的"跳高"姿势还很优美。当它腹部朝天弹向空中时，

它便乘机在空中做个"前滚翻"，将身体翻转过来，等到落地时，它就能稳稳地站立在地面上了。

为什么磕头虫要磕头呢？

磕头虫之所以要"叩头"，只不过是在摔倒后翻身逃走的一个动作，是保护自己免遭敌害的本能反应。

另外，磕头虫的"叩头"对于天敌来说可以逃避，而在种内则是声音求偶信号！

昆虫在其漫长的进化演变过程中，逐步掌握了其生存所必需的各种各样的本领。昆虫的特殊发音器官与听觉器官密切配合，就形成了传递同种之间各种"信号"的声音通讯系统。声音通讯最有利的特征是它的灵活性，这一点必然导致了它在人类语言进化中的进化。同样的发声器官只要作简单的调整，就能发出不同的声音。

知识点

棉 蝗

棉蝗，直翅目蝗科的一种昆虫，俗称大青蝗、蹬山倒。体形粗大，雄虫长 43~56 毫米，雌虫长 56~81 毫米。以卵在土中过冬，次年 6 月孵化，8 月间成虫。身体青绿或黄绿色。体表有较密绒毛和粗大刻点。头大，头顶钝圆，颜面略向后倾斜。触角丝状。前胸背板粗糙，侧面观的上缘呈弧形，有 3 条横沟将其割断。前胸腹板具向后倾斜的长圆锥状突起。头顶中部、前胸背板有黄色纵纹。前翅青绿或黄绿，后翅基部玫瑰红色。成虫和若虫均危害棉、水稻、甘蔗、茶、竹等。

▶ 延伸阅读

多种多样动物的发声器

动物发声的特殊结构。一般有听觉的动物都具有发声器。动物发声的方法多种多样，如果从声音所起的作用来划分，有些声音能作为信号，在同种的个体间交往，用以吸引异性、报警、恐吓、避开袭击、求食等，这一类声音具有生物学意义；此外，还有另一种声音，是在动物体进行其他活动时，伴随而发生的声音，它没有什么生物学意义。动物听到不同声音并对之作出反应，有赖于声感受器。

动物的发声器，从形态结构和功能上看各有特点。哺乳动物的喉是气管前端膨大部，它不仅是空气的出入口，而且也是发声器。喉部除了喉盖（会厌软骨）外，由甲状软骨和环状软骨围成了喉腔（腔内有室皱襞）。在环状软骨上方有一对小形杓状软骨，杓状软骨与甲状软骨之间有黏膜皱襞构成声带。声带紧张程度的改变以及呼出气流的强弱可调节音调。

有些无脊椎动物也有发声器，但其结构、部位与脊椎动物不同，它们是通过与呼吸系统无关的其他装置发出声音的。如昆虫发出的声音就是由身体上的特殊发声器发出的，这种发声器也是在长期进化中为适应寻找配偶、自卫和报警的需要而发展起来的。昆虫的发声器多种多样。直翅目昆虫以摩擦前翅发声，它们的发声器一般是由长在前翅内侧面上的一排坚硬的微细突起，叫做音锉的部分，和一个叫作刮器的部分组成。半翅目蝉科昆虫的发声器是长在腹部第一节两侧的声鼓器官，包括鼓盖、鼓膜、鼓肌和气室。蝉能够种与种之间对唱，蝉声也有求偶和战斗的功能。此外，如蜂、蝇、蚊等昆虫都是以翅的振动而发声的。

勤劳的搬运工：蚂蚁

昆虫的身体一般分为头、胸、腹三部分，但是蚂蚁和一般昆虫有所区别。蚂蚁的腹部衍生出了三个部分：并胸腹、结节（腹柄节）和后腹部。因此，蚂蚁的身体可以分为四个部分：头、并腹胸、腹柄和柄后腹（后腹部）。其中并腹胸的后部被称为并胸腹节，是腹部的第一节。

蚂蚁步足3对，其中后足在分类上有重要的作用，如胫节刺的形状，爪内的特征等。触角、唇须和唇基是重要的分类特征。蚂蚁的触角膝状，分为柄节和鞭节两部分：前者着生在头部，后者自柄节起分为数节，统称为鞭节。唇须是下颚须和下唇须的总称。下颚须一般为 1~6 节，下唇须为 0~4 节。作为分

类特征，常使用须式，即下颚须：下唇须（如须式为 6：4，即指下颚须为 6 节，下唇须为 4 节）。

蚂 蚁

唇基以及额部的特征是分类的重要参考依据，此外，单眼、复眼的情况，唇基窝、触角窝的状况以及触角窝的特征都是头部的重要分类特征。

胸部主要分为前胸、中胸和后胸，包括背板和侧板。蚂蚁的后胸在工蚁中多不明显，其背板与侧板常愈合于并胸腹节。但在有些种类，后胸与中胸分开，形成独立的骨片。由此，蚂蚁的胸部也常被称为并腹胸。它的各部分由背板缝隔开，而背板缝经常或存在、缺如，或深浅不一，这些特征也成为不同种类的重要区别。侧板与背板或分开，或没有明显的界限。并胸腹节上常有气孔，后胸腺也常在此处；其基面与斜面的比例也常作为分类的依据，斜面或平截、或斜截，有些还想内凹陷；在一些种类，其并胸腹节上常具刺或齿。

结节也称腹柄节，一般为一节，也有两节的。结节多为球状，上方圆凸或平直或凹陷，个别可特化为两个尖刺，有的下方有附属物。两个结节的种类，一般前面的小，后面的大。

结节一般连接在后腹部的前端，在有些种类却连接到了上端（举腹蚁就是这样）。后腹部末端常具有防卫和攻击器官，依照种类不同分别为螫针、酸孔和缝状的开口。腹部或光亮、粗糙、或被毛。

蚂蚁已经在地球上生存了 1 亿多年了，我们在任何地方都能看到蚂蚁的踪影。据估计世界上存在 2 万多种不同的蚂蚁，因此蚂蚁被称为地球上最成功的物种。但另我们奇怪的是，每当我们发现蚂蚁时，它们大多是在搬运东西，且多为食物。为什么它们总是在搬运食物呢？

要解释这个问题，我们首先要了解蚂蚁的群内系统。蚂蚁是群居动物，它们居住在一个大的团体中，这些群体可能由上百万只蚂蚁组成。在每个群体中都有蚁后、工蚁、士兵蚁以及雄蚁，它们的任务是各不相同的。

蚁后成年后的主要任务是产卵，一般来说一个蚁群中只有一个蚁后；雄蚁寿命很短，它们的主要任务是和蚁后交配，在交配结束后它们就要面临死亡了；士兵蚁的体型比较大，实际上就是大的工蚁，它们是没有生殖系统的，主要任务是保卫蚁群安全，抵挡其他蚁群的攻击。

工蚁是蚁群中数量最多的，它们也没有生殖能力，就像自己的名字一样，它们为蚁群做所有的工作，包括喂养幼蚁、为整个蚁群寻找并储存食物。因此我们看到的搬运食物的蚂蚁都是工蚁，它们在为整个蚁群辛勤忙碌着。

了解了蚂蚁的社会系统，接下来我们要知道蚂蚁的生活习惯。一般情况下，我们只能在春天到秋天看到蚂蚁，因为蚂蚁在冬天是要冬眠的。到了冬天，蚂蚁的体温会随着外界气温的下降而下降，它们的行动会变得非常迟缓，因此它们需要找一个温暖的地方进行冬眠，有时是土壤中，有时是在大树下面。

为了冬眠，蚂蚁们要在秋天吃大量的食物来储存体内的脂肪，在接下来的整个冬天它们是不进食的。正因为如此，蚁群中的工蚁们每天都在寻找大量的食物，保证蚁群中的每个个体都能吃到足够的脂肪来抵御冬季的寒冷。

蚂蚁一般喜欢什么食物呢？我们经常会在糖或者有甜味的食物周围发现大群的蚂蚁，这是因为蚂蚁非常喜欢甜食，它们对蜂蜜和糖的气味非常敏感，甜的食物能够给蚂蚁的各种活动提供能量。不过它们并非只吃甜食，死去的昆虫、植物的种子等也是蚂蚁的重要食物。

当工蚁们发现固体食物时，它们会独自或者和同伴一起把食物搬运回蚁穴。而当它们发现了蜂蜜等液体食物后，会把液体储存在腹腔里的囊中，然后回到蚁穴直接从嘴里一点一点地喂给其他的同伴。

有时候我们会看到蚂蚁搬运同伴的尸体，这些工蚁的任务就是打扫蚁穴，清除蚁穴内的垃圾，包括这些同伴的尸体。有一种欧洲木蚁喜欢参与长时间的血腥战争，在战争结束后，胜利者会把失败者的尸体带回蚁穴吃掉，因为蚂蚁的身体含有丰富的蛋白质。

我们经常会看到蚂蚁搬运比自己身体大得多的食物，那么蚂蚁能够搬运多重的物体呢？根据蚂蚁的种类以及蚁群类别的不同，蚂蚁的搬运能力也各不相同。如山茶胶木类蚂蚁可以用下颌骨搬运最大达身体5倍重的物品，如果是在地上拖拽物体，这种蚂蚁能搬运超过其身体25倍的重量。

不同种类的蚂蚁在搬运食物时采用的方法也不尽相同。体型较大的蚂蚁一般会独自搬运或者与另外3～4只同伴一起搬运，而体型较小的蚂蚁则会数十只一起组成团队来搬运食物，或者把食物撕成小片来分别搬运。

知识点

群居动物

与独居相对，指以群体为生活方式，在生活中无论进食、睡觉、迁移等行为都以集体为单位，彼此间相互关照，相互协助的动物。

很多昆虫是群居动物，比如：蜜蜂、蚂蚁、蝗虫等；很多海洋动物都是群居，比如多种热带鱼，以及黄鱼、金枪鱼、梭鱼。几乎所有的海洋哺乳动物也都是群居，比如虎鲸、蓝鲸、座头鲸等各种鲸，但抹香鲸除外，还有海豚、海狮、海象等等；很多犬科动物都是群居比如：狼、豺、鬣狗。

➤➤➤ 延伸阅读

蚁群算法

蚁群算法，又称蚂蚁算法，是一种用来寻找最优解决方案的概率型技术，其灵感来源于蚂蚁在寻找食物过程中发现路径的行为。

蚂蚁在路径上前进时会根据前边走过的蚂蚁所留下的分泌物选择其要走的路径。其选择一条路径的概率与该路径上分泌物的强度成正比。

因此，由大量蚂蚁组成的群体的集体行为实际上构成一种学习信息的正反馈现象：某一条路径走过的蚂蚁越多，后面的蚂蚁选择该路径的可能性就越大。蚂蚁的个体间通过这种信息的交流寻求通向食物的最短路径。蚁群算法就是根据这一特点，通过模仿蚂蚁的行为，从而实现寻优。

这种算法有别于传统编程模式，其优势在于，避免了冗长的编程和筹划，程序本身是基于一定规则的随机运行来寻找最佳配置。也就是说，当程序最开始找到目标的时候，路径几乎不可能是最优的，甚至可能是包含了无数错误的选择而极度冗长的。但是，程序可以通过蚂蚁寻找食物的时候的信息素原理，不断地去修正原来的路线，使整个路线越来越短，也就是说，程序执行的时间越长，所获得的路径就越可能接近最优路径。实际上好似是程序的一个自我学习的过程。

这种优化过程的本质在于：

选择机制：信息素越多的路径，被选择的概率越大。

更新机制：路径上面的信息素会随蚂蚁的经过而增长，而且同时也随时间的推移逐渐挥发消失。

协调机制：蚂蚁间实际上是通过分泌物来互相通信、协同工作的。

蚁群算法正是充分利用了选择、更新和协调的优化机制，即通过个体之间的信息交流与相互协作最终找到最优解，使它具有很强的发现较优解的能力。

吐丝至死的桑蚕

桑蚕是由古代野蚕移入室内驯化而成的昆虫，以桑叶为食料。蚕吃叶生长发育至熟蚕上簇结茧，在整个生长发育过程中，具有其自身的规律性。

蚕体驱呈圆筒形，由头部、胸部和腹部组成。头部在身驱的前端，呈黑褐色。胸部分 3 节，有胸脚 3 对。腹部分 10 节，有腹脚 5 对，最后一对腹脚又叫尾脚。在

蚕

第一胸节和一至八腹节的两侧各有气门 1 个。在第八腹节背面正中有尾角 1 个，第十腹节的背面有尾板或叫臀板。

桑蚕从卵开始带成虫交配产卵自然死亡为止，为它的一个世代。世代中所经过的生长发育和繁殖过程，就是桑蚕的生活史。

桑蚕的一个世代要经过卵、幼虫、蛹、成虫四个形态特征和功能完全不同的发育阶段。这种外形的改变，称为变态。

卵期

桑蚕以卵繁殖，受精卵产下后，在外界环境条件的配合下，经过极其复杂的变化，就在卵内逐步演变为胚子，发育成幼虫而孵化。桑蚕的卵分为越年卵和不越年卵。

越年卵的卵期长，春期或秋期卵产下后，经一星期左右，胚子就停滞发育，在自然条件下，必须越过寒冷的冬天，到明年春暖时，才能继续发育和孵化。不越年卵的卵期短，卵产下后，胚子不停地向前发育，只经过10多天时间就孵化出来。

幼虫期

桑蚕的幼虫，统称为蚕儿。从卵内刚孵化出来的幼虫，体呈浓黑色或赤褐色，且多刚毛，外形很像蚂蚁，特称蚁蚕。孵化出来的蚁蚕很小，经过摄食、吸收营养而逐渐长大，生长到一定程度，生成新皮脱去旧皮，又继续生长，这称为蜕皮。

在蜕皮前，幼虫不食不动，称为眠。每蜕一次皮，蚕体的重量、长度、宽度、容积都显着增大。在两次蜕皮间的时期，称为龄期。眠是划分龄期的界限，每蜕一次皮就增加一龄。从卵内孵化出来到第一次蜕皮，称为第一龄，此时的幼虫为一龄蚕，第一次与第二次蜕皮之间为第二龄，此时的幼虫称为二龄蚕……依次类推。

一般桑蚕的幼虫期要蜕皮四次，有五个龄期。幼虫生长到第五龄的末期成熟为熟蚕，并吐丝结茧。第一龄至第三龄合称为小蚕期（稚蚕期），第四龄至第五龄合称为大蚕期（壮蚕期）。小蚕和大蚕的生理功能以及对环境要求不同，因而在养蚕的技术处理上也有差别。

各龄龄期经过的时间，依蚕品种、环境条件不同而有长短。一般一龄经过3—4天，二龄经过3天，三龄经过4天，四龄经过4—5天，五龄经过6—9天，其中二龄最短，五龄最长。一般全龄经过春期26天左右，夏、秋期20天左右。每个龄期根据生长和食桑情况，又划分为两个阶段：

食桑蚕是指蜕皮终了（一龄为孵化），至入眠（五龄为老熟）。一般养蚕生产上自饲食（一龄收蚁）起，至止桑（五龄上蔟）止，称为食桑中。桑蚕只有在这个时期内不断食桑。食桑中又划分为少食、中食、盛食、催眠四个时期。

眠中是指入眠后至蜕皮终了。在养蚕生产上，通常以各龄止桑时刻为起点，到下一龄饲食为终止。这期间幼虫停止食桑，称为眠中。

蛹期

熟蚕吐丝结茧完毕后，仍为幼虫形态，这期间为预蛹期。然后，蜕皮化蛹，现出蛹的形态，进入蛹期。蛹不食不动，外表呈安静状态，但在它的体内却经历着急剧的变化，把一部分幼虫的器官组织进行分解，并改造和重建为成虫的器官组织。

蛹期经过的时间，因蚕品种、环境条件的不同而有差别。在适温范围内，一般蛹期经过 15—18 天。

成虫期

桑蚕的成虫，又称为蚕蛾。成虫发育完成，蜕去蛹皮，羽化为成虫，从茧内钻出。它虽是一种蛾子，但并没有飞翔能力。

羽化出来的成虫，生殖器官已发育成熟，当天就可以交配产卵，繁殖后代。成虫不摄取食物，交配产卵后，体内营养物质大量消耗，经过一星期左右便自然死亡，从此结束了桑蚕的一个世代。

成虫期的长短，常作为衡量幼虫强健和营养充实与否的标志之一，主要是因为成虫期活动消耗的能量，全靠幼虫期的积累。在自然条件下，雄蛾的经过时间较雌蛾短，并随温度升高而缩短。

桑蚕在一个世代中所经过的四个发育阶段，具有不同的生理意义。卵期是胚胎演发的阶段，并且

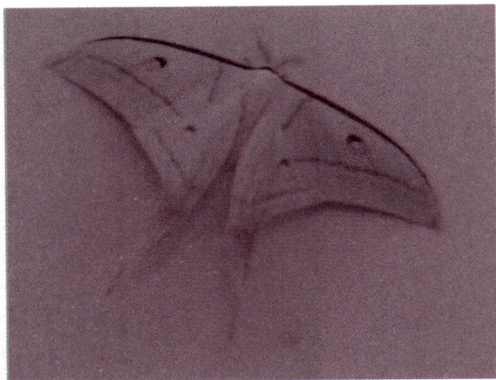

蚕　蛾

在这期间滞育，是它的滞育期；幼虫期从外界取食营养生长发育，为它的营养期；蛹期是幼虫向成虫发育变态的过渡阶段，为它的羽化准备期；成虫期主要任务是交配、产卵，以繁殖后代，是它的生殖期。

人们都知道蚕儿会吐丝结茧，可是丝是怎样制造出来的，却不一定完全清楚。原来蚕儿幼虫的身体内，有一套结构完整、构造复杂的叫作丝腺体的造丝系统。丝腺体连接着头部下面叫作挤压器的吐丝泡，由这两个基本部件组成一台"天然纺织机"。

一只老熟幼虫的身体内，有两列细胞组成的丝腺体，它要比身体长5倍，并且与贮藏丝液的袋状囊相通。头上的挤压器与周围的肌肉连接着，蚕儿吐丝时，头上的肌肉不停地伸缩，将丝腺体中的丝液抽压出来，丝液与空气接触后，便形成细长的丝。

蚕儿吐丝结茧时，它的头总是时而抬高，时而垂下，并不停地左右摆动着。如果用放大镜仔细观察，蚕儿作茧的丝，是一个个排列得很整齐的"8"字形丝围，每20多个丝圈叫作一个丝列。当茧的一头织好后，它会来个180°大转弯儿，开始织茧的另一头，因此，家蚕的茧子都是两头稍粗，中间稍细，很像一颗花生。

蚕儿每结好一枚茧，需要转换250～500次位置，编织约6万个"8"字形丝围，每个丝围约有0.72厘米长。蚕儿就是这样不停地织呀织的，将自己体内的丝完全抽尽后，才化蛹变娥，接种传代，世世代代为人类造福。

蚕　茧

知识点

饷食

各龄蚕眠起后的第一次给桑称饷食。

实际生产中，主要根据起蚕的食欲和头部色泽来决定饷食适期。从蚕个体来看，以蚕的新头部变为褐色为宜。头部灰白色时饷食，口器尚嫩，会引起消化不良，在生产上，为促使发育齐一，饷食宜迟不宜早，一般情况掌握同批蚕全部蜕皮后3小时左右进行饷食。

▶▶▶ 延伸阅读

蚕茧是如何形成的

幼虫吐丝结茧的过程，大致可分为四个时期：

第一期：结制茧网

熟蚕上蔟后，不断爬行，排完最后一粒粪才开始结茧。当熟茧寻到适宜的结茧场所后，先吐丝粘在蔟枝上，接着抬起前半身左右摆动，吐丝联结周围的蔟枝，形成结茧的支架，再排出肠内的内容物，接着吐丝逐渐加厚加密而成茧网。茧网还不具备茧形，只是松软凌乱的茧丝层。

第二期：节制茧衣

茧网形成后，幼虫用腹足抓住彼此拉紧的蔟枝，来回不规则地爬动，并吐出凌乱的丝圈，加厚茧网的内层，以后逐渐减少爬行，改为"S"形的吐丝方式，此时茧衣的编结完成，开始出现茧形轮廓。虽然已形成了茧形，但茧丝仍很松乱，且厚薄不匀，丝胶含量也多。

第三期：节制茧层

随着茧衣的形成，茧腔逐渐变小，蚕体前后两端向背方弯曲，呈"C"字形，昂起头部有规律地左右摆动，吐出茧丝，并逐渐由"S"形改成"8"字形。每吐 15~25 个"8"字形丝圈成一组，称为一个茧片。当一个茧片完成后，又转到邻近部分，开始结制第二个茧片，这样随时转移位置，茧片之间由丝胶粘着，并一层一层结制，逐渐形成茧层。

蚕茧茧层胶着力，因结茧时外界环境的不同而异。一般说来，低温时吐丝慢，头部摆动的幅度较窄，茧丝排列的"S"形成"8"字形较短小，重叠多，茧形也较短小，缫丝时离解较难；反之，在适当的高温下，吐丝较快，头部摆动的幅度较宽，茧丝排列的"S"形成"8"字形较长大，重叠少，茧形较长大，缫丝时解舒容易；如温度较高，茧丝排列失去规律性，使部分茧丝间胶着点的胶着面大小不一，经过煮茧不能达到适当膨润，在缫丝时造成频繁跳动，而易切断茧丝。因此，蔟中必须有适当的温度，并注意环境的干燥，切忌高温多湿，或低温多湿，以防蚕茧解舒不良。

第四期：结制蛹衬

由于蚕体大量吐丝以及吐丝中能量的消耗，体躯大大缩小，头部摆动减慢，且失去一定的节奏性。熟蚕吐丝凌乱，在茧层的内面，又形成一层松散柔软的茧丝层，称蛹衬。

工业原料紫胶虫

紫胶虫在古代曾称为"轲虫"，是一种能生产紫胶的资源昆虫。我国古书中曾把紫胶称为赤胶、紫铆、紫吁、紫梗等，一直到了清朝才用紫胶这个名称。

紫胶虫是同翅目、胶蚧科的一种昆虫，主要分布在南亚和东南亚地区，包括我国云南和西藏以及越南、老挝、柬埔寨、缅甸、斯里兰卡、泰国、印度、巴基斯坦、孟加拉国等。其中以印度分布最广，产胶量居世界首位，泰国次之，我国占第三位。

紫胶虫也同家蚕、蜜蜂一样，是古代人类利用昆虫资源的三大成就之一。我们的祖先很早就在古籍上记载了紫胶与紫胶虫的情况，最早的见于晋朝张勃的《吴录》中，随后在唐朝开始比较详细地记载了紫胶的产地和用途，如可作药物、染料和黏合剂等，以后的宋、元、明、清历代古籍均有所补充。

例如，明朝徐宏祖在《徐霞客游记》中记述："枯柯新街又东一里，有一树立岗头，大合抱，其本挺直，其枝盘绕，有胶淋漓于本上，是为紫梗树，其胶即紫梗也。"不仅写得非常逼真，而且具体指出了在我国云南保山县与昌宁县之间的枯柯坝是紫胶虫及其寄主植物的主要产地之一。

雌紫胶虫一般体长 4～6 毫米，头胸腹分节不明显。头部有一对退化的短触角和一个刺吸式口器。胸部有 2 对气门，前气门较大而后气门很小，而且 2 对气门逆转，即前气门位于后气门的后方。身体呈球形或囊形，外面为近球形或囊形的胶室所包围。每个胶室具有 3 个孔口，前面两个叫做膊突孔，位于两个膊板之上，后面一个叫做肛突孔，位于肛门之上。三撮白色蜡丝就从这 3 个孔口伸出来。雌紫胶虫的身体上具有两个膊器和一个肛突，通过上述 3 个孔口与外界相通，在两个膊器与肛突构成的三角区中央有一根背刺，是雌紫胶虫最典型的特征。

雄紫胶虫分有翅型与无翅型。有翅型具两张半透明的翅，体长约 1.7 毫米；无翅型虫体稍小，体长约 1.4 毫米。两种翅型的虫体均为紫红色，头胸腹分节明显。头部有单眼两对和触角一对。触角细小，丝状 9～10 节。口器退化。胸部有足 3 对和胸气门 2 对。胸气门喇叭状，前面一对位于第一和第二对胸足之间，后面一对位于第二和第三对胸足之间。腹部末端有两个尾坑，尾坑内的蜡腺分泌出白色蜡丝，叫作尾蜡丝。

紫胶虫的一生是仰赖寄主植物供养的，全凭寄主植物提供食料和栖息场所。寄主植物的种类不同和生长好坏直接影响到紫胶虫的存活与泌胶的优劣。

紫胶虫营两性生殖，繁殖能力很强，一般每只雌紫胶虫可产卵 200～500 粒，多的高达 1 000 粒以上。紫胶虫一生要蜕皮几次才能发育成熟。由于雌雄紫胶虫的变态不同，蜕皮的次数是各不相同的。雌紫胶虫经过卵期、幼虫期和成虫期三个发育阶段而完成生活周期，幼虫蜕皮 3 次才变成成虫。雄紫胶虫经过卵期、幼虫期、前蛹期、蛹期和成虫期五个发育阶段，幼虫蜕皮 2 次变为前蛹，前蛹蜕皮变成蛹，蛹蜕皮变成成虫。

紫胶虫在我国自然分布区一年发生两代。一般每年 4～5 月至 9～10 月为第一代，又称夏代。9—10 月至翌年 4—5 月为第二代，也称冬代。第一代历时较短，大约为 129 天；第二代历时较长，大约为 222 天。

紫胶虫的卵期很短。幼虫孵化后，从孵化腔爬出胶壳四处扩散觅食，称为涌散。这是紫胶虫非常重要的生活习性。因为它的一生只有涌散时期才能迁移觅食，也只有这个时期才能放养繁殖。

紫胶虫涌散时，幼虫的扩散爬行能力较差，在寄主树上一般的爬行距离为5米左右，而固定以后就没有爬行迁移的能力了，因此需要实行人工放养才能扩大繁殖能力以达到不断增加紫胶产量的目的。

紫胶虫涌散后便在寄主枝条上爬行，选择适宜的部位取食定居，一旦把口针插入树皮内吸取汁液，同时把触角和足依次收在腹下，从此以后就不再移动了，这种现象叫作固定。紫胶虫固定和取餐具有选择性。它选择适生的2—3年生枝条固定取食，对少数寄主的一年生枝条也能固定。它喜欢在热量较多，通风良好，光照充足的树枝上生活。紫胶虫有群居性，喜欢成群地固定在枝条的某些适宜部位上。

紫胶虫固定取食后不久便开始泌胶。最初分泌的胶质少而薄，大约固定5—7天以后，肉眼才可以看见。胶质是从紫胶虫体壁的紫胶腺分泌出来的。刚分泌出来的胶质呈琥珀色的半流体，遇空气后逐渐变硬。幼虫初期泌胶较少，随着身体不断生长发育泌胶也越来越多，以致全部把身体覆盖起来形成一个个胶室，若干胶室相连而形成一个胶被，对紫胶虫起了保护的作用。

通常紫胶主要靠雌紫胶虫分泌，雄紫胶虫泌胶很少，只有在幼虫期分泌一些。前蛹、蛹和雄性成虫都是不会泌胶的。

紫胶蜡是紫胶虫从体壁中的几种蜡腺分泌出来的。蜡腺分布在体壁许多部位形成很多蜡腺群，甚至一些蜡腺扩散于身体表面也同样能泌蜡。最使人注目的是有两撮白色蜡丝从雌紫胶虫的膊突孔伸出来，还有一撮从肛突孔伸出来。从膊突孔伸出来的叫膊板蜡丝，是由膊板上的蜡腺分泌的。从肛突孔伸出的叫肛板蜡丝，是肛板上的蜡腺分泌的。还有前气门的板区也分泌蜡质，口器附近的蜡腺分泌少量的蜡粉。雌紫胶虫在产卵前也分泌大量的粉质蜡，让以后孵化的幼虫黏附在身体上，使之起到"爽身粉"的保护作用。

紫胶树脂、紫胶蜡和紫胶色素是紫胶虫分泌的三大产物，共存于紫胶原胶之中。紫胶具有绝缘、防潮、防水、防锈、防腐、防紫外线、黏合力强、易干、耐酸、耐油、可塑性强、表面光滑、弹性好、固色性好、化学性稳定、对人没有毒性和刺激性等优良性能，广泛应用于国防建设和经济建设的各个方面。

知识点

《徐霞客游记》

　　《徐霞客游记》是以日记体为主的中国地理名著。明末地理学家徐弘祖（一作宏祖，号霞客）经34年旅行，写有天台山、雁荡山、黄山、庐山等名山游记17篇和《浙游日记》《江右游日记》《楚游日记》《粤西游日记》《黔游日记》《滇游日记》等著作，除佚散者外，遗有60余万字游记资料，死后由他人整理成《徐霞客游记》。世传本有10卷、12卷、20卷等数种，主要按日记述作者1613—1639年间旅行观察所得，对地理、水文、地质、植物等现象，均作详细记录，在地理学和文学上卓有成就。

延伸阅读

紫胶在我国的认识和发展

　　紫胶首先是用作药材，其次用作染料。张勃、苏恭都有用作染料的记载，《吴录》说紫胶可以染絮物（即丝织品）；苏恭说可以染麖皮和宝钿。苏颂著《本草图经》（1061）说今医方亦罕用，唯染家所需，说明到了宋代紫胶用作染料，已超过药用了。

　　中国古代所用紫胶，可能多从国外进口，如《吴录》所载，紫胶的产地是九真移风果，即今越南中部的清化省。《酉阳杂俎》所载产地为真腊、波斯、昆仑三国。唐代末年李珣著《海药本草》中引裴渊《广州志》指出产海南；苏颂根据《交州地志》说交州亦为产地之一；李时珍说产南番。虽然都提到了中国也出产紫胶，但可能由于陆上交通不便，不如海路来得方便而从国外进口。《徐霞客遊记》才第一个明确云南省是中国紫胶的产地，一直到现在云南省仍然是中国紫胶的主要产区。过去云南省所产的紫胶都以低价作为原料输出国外，在国际市场上占相当数量。

近代由于受到帝国主义的侵略，中国紫胶自 1930 年前后生产逐渐停滞，到 1945 年生产完全停顿，种胶几乎断绝。新中国成立后，经过努力，紫胶生产才逐渐恢复。

朝生暮死的蜉蝣

蜉蝣是目前已知的寿命最短的昆虫，主要分布在热带至温带的广大地区。全世界已知有 2 100 余种。中国已知有 100 余种。常见的有蜉蝣科和四节蜉蝣科。

蜉蝣具有古老而特殊的性状，是最原始的有翅昆虫。体形较小或中等，细长，体壁柔软。

头部小，触角短，刚毛状。复眼发达，雌性的复眼常左右远离；雄性的复眼常较大，左右接近，且每一复眼上下部小眼面往往不同，一般上半部小眼面大于下半部，也有两部分完全分隔者。单眼 3 个。口器为咀嚼式，因成虫不取食，没有咀嚼能力，上颚退化消失，下颚也退化，常有下颚须。

胸部以中胸最大，前、后胸小而不显着，翅有两对，呈三角形，脆弱，膜质，多为前翅大，后翅小，亦有后翅退化者，休息时竖立在身体背面。蜉蝣翅脉相及翅的关节不发达，翅脉最为原始，翅脉极多，多纵脉和横脉，呈网状。翅的表面呈折扇状。足细弱，仅用于攀附。跗节 1～5 节，末端有爪 1 对。

蜉 蝣

腹部 11 节，第十一节仅存窄环形背板。雄性第十节后缘有 1 对由前足延长形成的抱器，3～4 节，少数 1 节，用于在飞行中抓住雌虫。在其内侧有两对短小简单的阴茎。雌性生殖孔 1 对，开口于第七八腹节之腹面。卵巢按节排列。两性生殖孔均成对。腹末有 1 对分节的长丝状尾须，第十一节背板常延长形成中尾丝。尾须和中尾丝细长多节，与缨尾目昆虫相似。

蜉蝣稚虫有两种比较特化的体制：扁平型和鱼型。前者以扁蜉科为代表，虫体扁平，即虫体宽度远大于身体的背腹厚度。胸部的足一般较为宽扁，足的关节转变成前后向，即足一般只能前后运动而不能上下运动，活动时身体腹面与底质不分开，在自然状态下，一般不游泳或游泳能力不强。尾丝上的毛一般散生或环生。

鱼型体制以短丝蜉科、等蜉科以及部分四节蜉科稚虫为代表。这类蜉蝣的虫体背腹厚度大于虫体的宽度。运动时的体态类似小鱼，即身体呈流线型，足一般细长，中尾丝的两侧和尾须的内侧密生长细毛，相邻的细毛交错成网状，使尾丝具有桨的作用。这类蜉蝣一般可用胸足自由地抓握水中的底质或水生植物，游泳迅速。其他蜉蝣的体制处于这两种之间。

蜉蝣稚虫触角的长度在不同科中变化较大，形态从光滑无毛至密生细毛不等。复眼和单眼变化较小。另外，唇基、额都可能突出，头顶可能具有各种瘤突和角突。

蜉蝣稚虫的口器是典型的咀嚼式口器，各部分都可能变化，有些变化还很显着。其中以上颚突出呈牙状最为常见。

蜉蝣稚虫后胸被前翅芽覆盖，背面观不能看见。胸部 1～2 对翅芽。足的变化较大。蜉蝣总科主要营穴居性生活，足为挖掘足。这种足的腿节和胫节非常粗大，胫节的前侧角突出，爪较小。扁蜉科稚虫足的腿节宽扁，具细毛。

蜉蝣稚虫腹部最引人注目的特征是鳃的多样性。鳃的着生位置、对数、大小、形态等各方面都可能变化。腹部背板常具各种不同的刺突和隆起。有些种类腹节背板的侧后角强烈突出并向背方延伸。

蜉蝣稚虫尾丝的形状多种多样。在活动能力较小的种类中，尾

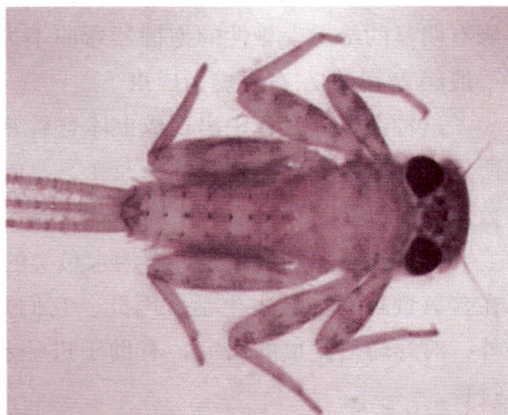

蜉蝣稚虫

丝各节相对较长而细弱，节上不具毛，只在两节的连接处具稀疏的毛。而游泳能力较强的种类往往中尾丝两侧密生细毛，尾须的内侧长有细毛，相邻的细毛交织成网状而使尾丝具桨的功能，在游泳时产生动力。

蜉蝣稚虫的栖境，为方便起见，可将水环境分成两类，一类为静水区，一类为流水区。静水区以湖泊和池塘为代表。进一步可以将静水区光补偿深度以上的区域分成三类，分别为静水水体中、底质表面以及底质中。每类小生境中都有不同的蜉蝣生活。

流水区以溪流和小河为代表，这一栖境也可以分成三类，分别为流水水体中、流水区底质表面及底质缝隙间。

幼期（稚虫）水生，生活在淡水湖或溪流中。春夏两季，从午后至傍晚，常有成群的雄虫进行"婚飞"，雌虫独自飞入群中与雄虫配对。产卵于水中。卵微小，椭圆形，具各种颜色，表面有络纹，具黏性，可附着在水底的碎片上。

稚虫期数月至1年或1年以上，蜕皮20~24次，多者可达40次。成熟稚虫可见1~2对变黑的翅芽。两侧或背面有成对的气管鳃，是适于水中生活的呼吸器官。吃高等水生植物和藻类，秋、冬两季有些种类以水底碎屑为食。常在静水中攀援、葡匐、或在底泥中潜掘，或在急流中吸附于石砾下栖息。

稚虫充分成长后，或浮升到水面，或爬到水边石块或植物茎上，日落后羽化为亚成虫。亚成虫与成虫相似，已具发达的翅，但体色暗淡，翅不透明，后缘有明显的缘毛，雄性的抱握器弯曲不大。出水后停留在水域附近的植物上。一般经24小时左右蜕皮为成虫。

这种在个体发育中出现成虫体态后继续蜕皮的现象在有翅昆虫中为蜉蝣目所仅有。这种变态类型特称为原变态。成虫不食，寿命短，一般只活几小时至数天，所以有"朝生暮死"的说法。

蜉蝣的稚虫和成虫是许多淡水鱼类的重要食料。不同种类的蜉蝣稚虫喜欢在含氧量高的水域中生活，因此，它们是测定水质污染程度的指示生物。另外，对蜉蝣目昆虫的研究，有助于进一步阐明从无翅昆虫到有翅昆虫的进化过程。

知识点

鳃

鳃是一种器官，很多水生动物依靠它将溶解在水中的氧气吸收到血液中。这种呼吸方式被称为鳃呼吸。

鳃的位置不定：蠕虫和蟹的鳃在它们的肢体，贝壳动物的鳃则在它们的外套腔中，鱼的鳃在鳃裂。鳃的形状有栉状，叶状，树状和丛状。鳃利用对流原则，即血液（血淋巴）流动的方向与水流动的方向相反，使得血液可以最大限度的补充氧气。

许多水生动物和一些在潮湿空气生活的陆生动物用鳃呼吸。而用气管呼吸的昆虫，只有部分例外才使用鳃呼吸（部分还会和器官相连）。主要是蜻蜓，蜉蝣和部分双翅目的水生幼虫。

延伸阅读

长寿动物趣谈

1. 最长寿龟 255 岁

现在的记录中最长寿的大乌龟是阿德维塔，一只重达 250 千克的雄性阿尔达不拉巨龟。它被作为礼物献给了克莱夫公爵。之前英国船员在马达加斯加附近的塞舌尔群岛抓到了阿德维塔和其他 3 只巨龟。据估计，阿德维塔大约出生于 1750 年，生活在印度加尔各答的动物保护区里。现如今已经 200 多岁了。

2. 最长寿鲤鱼 226 岁

在与一条鱼的长寿较量中，大象、猫、狗、鸟类以及马纷纷败下阵来，这个老寿星的年龄达到几乎令人无法相信的程度。你可能认为它是一条鲨鱼、鲟鱼或者巨型鲶鱼，但真正的答案却是一条鲤鱼。鲤鱼是金鱼的近亲，尤以生活在日本寺庙鱼塘内的鲤鱼名气最大。其中的一位居民名叫"花子"，寿命达到令人吃惊的 226 岁。花子生于 1751 年，死于 1977 年 7 月 17 日。

3. 最长寿大象 90 多岁

大象通常被视为除人类外最长寿的陆地哺乳动物，绝大多数可以活到 70 岁。然而，长寿也是大象的一种不幸。年龄最大的大象通常也长着最大、最长的象牙，因此最容易成为猎杀的目标。过去有记录可查的大象家族长寿纪录为 86 岁，这个老寿星生于 1917 年，死于 2003 年 2 月 26 日。

4. 最长寿鸟 77 岁

鸟类最多可以活到 60 岁。有些种类（鹦鹉、秃鹰、信天翁和秃鹫——如果你喜欢，可以不加"秃"）可以超过百岁。库克郡的一个森林保护区所提供的一份长寿列表中，位居榜首的是一只美洲鹫，118 岁——尽管没有任何证据来证实它。鸟类长寿不是一件令人吃惊的事，因为它们与那些长寿的爬行动物比如乌龟亲缘很近。

5. 最长寿狗 29 岁

记录在案的有证明文件的最长寿的狗是一条 1910 年 7 月出生，1939 年 11 月 14 日去世的澳大利亚牧牛犬名叫布鲁伊。其实布鲁伊可以活得更为长久，但是因为它深受慢性疾病的困扰，它的主人决定让它安乐死。大多数牧牛犬因为在农场和牧场上工作勤恳而能够活到 12—15 岁。布鲁伊去世时年纪为 29 岁零 5 个月，相当于一个人活到了 206 岁的年纪！

叫声最大的昆虫：雄蝉

"知了，知了……"蝉声是盛夏酷暑的象征。在众多生灵只想避暑偷闲的炎炎烈日下，蝉竟能从早到晚，声嘶力竭，叫个不停，而且"天大热，蝉大鸣"，天气越热，它叫得越欢，甚至有一呼百应的效应，往往是只要一只蝉带头，周围其余的就会紧随其后，没完没了地叫个不停，常常弄得人心烦气躁。

其实，这也不能怪蝉。因为蝉的生活是：多年黑暗的苦工，一个月日光下的享乐。蝉的幼虫栖息在土中，要在暗无天日的地面下生活好几年，变为成虫后的宝贵光阴当然不能虚度，真是夏日苦短，这时的蝉都在抓紧时间寻找配偶，繁衍后代。

因此，蝉和蟋蟀等昆虫的鸣叫也跟蛙鸣、鸟叫一样，都是一种炫耀行为，目的在于寻找配偶，完成传宗接代的大业。

蝉喜欢将卵产在差不多已经枯死的干树枝上，而且选择最细小的枝。当它找到适当的细权树枝后，即用胸部尖利的工具，在树枝上刺成一排小孔，如果中途不被扰害，一根枯枝常常会被刺成 30 ～ 40 个小孔。它的卵就产在这些孔中的小穴里。这些小穴是一种狭窄的小径，一个个地斜下去。每个小穴内一般约有 10 个卵，总数在 300 ～ 400 个。

这个弱小的动物，很迫切需要隐蔽，所以必须到地底下寻觅藏身的地方。天气冷起来了，随时都有被冻死的危险。它不得不四处寻找软土，有许多在没有找到以前就已死去。最后，当它寻找到适当的地点后，便用前足的钩挖掘地面。几分钟后，一个土穴就挖成了，这小生物钻下去，将自己埋藏起来，此后就再也不出现了，直到过完多年黑暗的地下生活。

雄 蝉

蝉的幼虫为什么要在土里发育呢？这和它的幼虫时期太长是分不开的。凡是生活史长的昆虫，幼虫多半生活在地下、水中或树干里。蝉的幼虫一生要经几个寒暑，冬天躲到深土里去，天暖时就到浅土处活动，吸食树根里的汁液。在土里既能照常取食，又可少受敌害的攻击，而且水分也容易保持。蝉的卵虽产在树上，而幼虫却要到土壤里去发育，就是这个原因。

在夏季阳光暴晒，久经践踏的道路上，会发现很多圆孔，与地面相平，大小约如人的拇指。蝉的幼虫就是从这些圆孔里爬出，来到地面上，变成成虫的。这个 3 厘米左右的圆径，四边竟连一点泥土堆都没有。因为蝉的幼虫是从地底下出来的，最后的工作才是开辟门口的出路。因为门还未开，所以它不可能在门口堆积泥土。

蝉的幼虫地穴常常建筑在含有汁液的植物根须上，就是因为它可以从根须上很方便地取得汁液。隧道大都深达数十厘米，通行无阻，下面的位置较宽，但是在底端却完全关闭起来。能够很随便地在穴道内爬上爬下，对于蝉的幼虫是很重要的，因为当它需要出去晒太阳的时候，它必须先知道外面的气候情况。所以它工作好几个星期，甚至好几个月，做成一条涂得很坚硬的墙壁，适宜于上下爬行。

蝉的幼虫会在隧道的墙上涂上"水泥"。在它的身上藏有一种极黏的液体，可以用它来做"灰泥"。在隧道的顶上，它留着一指头厚的一层土，用来保护并抵御外面气候的变化，直到最后的一刹那。假使它估量到外面有雨或风暴，它就格外小心谨慎地溜到温暖的隧道底下。但是如果气候看来很温暖，它就用爪击碎天花板，爬到地面上来了。

在蝉的幼虫身体里面，有一种液汁，可以利用它来阻挡穴里面的尘土。当蝉的幼虫掘土的时候，先将液汁喷洒在泥土上，使它成为泥浆，墙壁也因此而变柔软了。蝉的幼虫再用它肥重的身体压上去，使烂泥挤进干土的缝隙里。所以，当它在地面上出现时，身上常会有许多潮湿的泥点。

蝉的幼虫

蝉的幼虫初次出现在地面上时，常常在邻近的地方徘徊，寻求适当地点——一棵小矮树，一束百里香，一片野草叶，或者一枝灌木枝——来蜕掉身上的皮。找到这样的地方后，它就爬上去，用前足的爪紧紧地把握住，丝毫不放松。然后，它外层的皮开始由背上裂开，里面露出淡绿色的身体。头先出来，接着是吸管和前腿，然后是后腿与翅。最后，除了身体最后的尖端，差不多整个身体已完全蜕化出来了。

刚蜕化出来的蝉就开始表演一种奇怪的体操。它腾空而起，只有一点固着在旧皮上，翻转身体，直到头部倒悬，褶皱的翼，向外伸直，竭力张开。然后再用一种几乎看不清的动作，尽力将身体翻上来，并用前爪钩住它的空皮，把它身体的尖端从壳中脱出。全部的蜕皮过程大概要历时半个小时之久。这个刚得到自由的蝉，还不十分强壮。在它那柔弱的身体还不具有力量和漂亮的颜色之前，必须在日光和空气中好好地沐浴，使自己慢慢成熟。

蝉是属于同翅目、蝉科的昆虫，全世界目前已知的有 3 000 多种，我国已知有 100 种左右。它们的身体为中型至大型，最大的超过 5 厘米，有一对大大的复眼，位于头部两侧，有 3 只小眼长在头顶上。触角又细又硬，像刚毛。蝉靠吸食树干的汁液为生，所以它的口又尖又长，能剥开树皮。蝉粗壮的身体上长着两对光滑而透明的大翅，它们大都攀附在树干或树枝上，这是因为它们脚的前端有适于停在树上的爪子。

蝉在日光下的享乐只有一个月，这一个月里它拼命地歌唱，似乎只有如此才表示不枉地面一行。

蝉能够从容地发出声音，是叫声最大的昆虫，但是只有雄蝉才会"唱歌"。蝉的第二腹节两侧各生有一个椭圆形的薄膜，叫鼓膜或镜膜，又叫听器，它是能够感知声音的听觉器官。这个鼓膜就是蝉的耳朵，它像一面蒙得紧紧的鼓，只要稍受振动，就能刺激听觉神经。

研究成果表明，蝉听觉器官的结构和工作原理与人类的听觉器官大致相似：一个合适的声音通过传导系统，使一系列的听觉感受细胞兴奋，从而又使听觉神经产生兴奋，最后传递到中枢神经系统的前胸神经节，从而感知声音。每一种蝉都有其特殊的音调，便于雌蝉来收听。有些种类发出的声音能达到 120 分贝，相当于我们站在摇滚音乐会的前排所听到的音量，可以传播到大约 1 000 米以外的地方。

知识点

分 贝

分贝表示一种单位，一种测量声音相对响度的单位。

分贝是以美国发明家亚历山大·格雷厄姆·贝尔命名的，他因发明电话而闻名于世。因为贝尔的单位太粗略而不能充分用来描述我们对声音的感觉，因此前面加了"分"字，代表 $\frac{1}{10}$。1 贝尔等于 10 分贝。

······→ **延伸阅读**

动物中的大嗓门

吼猴是陆地上叫声最响亮的动物。它们吼叫时（事实上说是在咆哮或许更加恰当），站在 5 千米之外都能听见。

"这种猴子的大嗓门来自其更大的舌骨，这是一个位于其喉部的 U 型骨骼，它事实上不和任何其他骨骼相互连接，因此可以说它是"悬空"在那里。

这种猴子拥有很多种不同的叫声，很可能是用来相互交流位置信息，保卫领地，保护幼儿等。不过它们使用的语言语汇目前人类尚不了解。

蓝鲸是生活在这颗星球上嗓门最大的哺乳动物，其叫声能达到 188 分贝。

蓝鲸的叫声没有像座头鲸那样复杂的体系，但是它们发出的低频"脉冲"有些的频率太低，人耳无法听见可以在海水中传播超过 805 千米。

年前，研究人员们发现鲸类正在进一步降低它们叫声的频率，相比 20 世纪 60 年代的数据，鲸类叫声的频率下降了大约 30%。有一种理论认为，鲸类之所以降低它们"呼叫"同伴的频率是因为它们不再需要像在过去那样尽可能大声的呼喊以期联系上远方的伙伴，随着 1966 年开始颁布法令对捕鲸行为加以严厉限制之后，鲸类的种群数量已经出现了明显的恢复。

当油鸱在附近时，你不会乐意待在一边的。这种穴居鸟类是已知嗓门最大的鸟类，当它们一起鸣叫时，发出的声响足以让人失聪。

油鸱使用回声定位方法在漆黑一片的洞穴中自在生活。但是和蝙蝠的超声波不同，油鸱发出的声音是人耳可以听见的。每一只油鸱都可以发出超过 100 分贝的响亮叫声，而一个洞穴中往往可以居住有上千只油鸱。

但是研究发现油鸱似乎只在它们的洞穴内使用回声定位方法，而在它们夜间捕食时则并不使用这种技能。这可能是因为它们的这种技能并未做到十分精确。在一项实验中，一只油鸱在飞行中没有躲过直径大约 10 厘米的塑料盘子，而是一头撞了上去，但是当把盘子换成直径 20 厘米或更大尺寸时，所有油鸱都能精确地避开。

美丽的杀手：姬蜂

姬蜂的身体大多是黄褐色，体型较为瘦削，腰细如柳，头前有一对细长的触角，尾后拖着 3 条宛如彩带的长丝，再加上两对透明的翅，前翅上还有两个像眼睛一样的小黑点，飞起来摇摇曳曳，十分漂亮，有时甚至有飘然欲仙的意境，因此得名"姬蜂"，有小巧玲珑，温柔美丽的意思。不过，尾后的长带只有雌姬蜂才有，那是一条产卵器和产卵器的鞘形成的 3 条长丝，在有些种类中这些长丝甚至超过自己的身长，这在昆虫中是极为少见的。

姬蜂是属于膜翅目、姬蜂科的昆虫，全世界已知大约有 15 000 种，我国已知大约有 1 250 种。它们都是靠寄生在其他昆虫的身体上生活的，而且是这些寄主的致命死敌。它们的寄生本领十分高强，即使在厚厚的树皮底下躲藏的昆虫也难逃其手。

姬蜂的幼虫时期都是在其他昆虫的幼虫或蜘蛛等的体内生活的，以吸取这些寄主体内的营养来满足自己生长发育的需要，最后寄主因被掏空了身体而一命呜呼。所幸的是，姬蜂中的大多数种类都是寄生在农、林害虫的身体里，因此可以利用姬蜂来消灭这些害虫。

姬蜂为了能让自己的下一代在寄主体内寄生，施展了各种各样的本领。例如，柄卵姬蜂所产的卵上都有各种不同式样的柄，这种柄起着固定卵的作用。如果有 1 粒卵产在蛾子或蝴蝶的幼虫的身体上，这粒卵就能靠柄深深地插入幼虫体内，甚至在幼虫蜕皮时也不会掉下来，等到姬蜂的幼虫孵化出来时，便以这个蛾子或蝴蝶的幼虫为食。这种特殊的构造，使姬蜂寄生的效率大为提高。

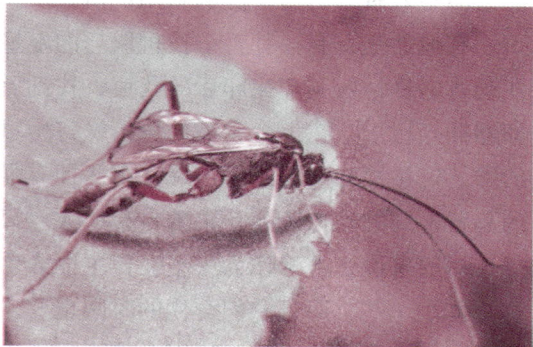

姬　蜂

沟姬蜂的本领更大。它们不但善飞，而且还会在水中潜泳。当它们在水中

找到了可以寄生的水生昆虫的幼虫，便将卵产在它们身上。为了后代能在水中呼吸，姬蜂还拖出一条里面有空气且能在水中漂动的细丝，从而给后代准备了一个"氧气管"。

趋背姬蜂的幼虫必须寄生在大树蜂幼虫的身体上才能生长发育。趋背姬蜂的嗅觉不错，可以根据大树蜂排到松树外面的粪便的气味和一种生长在大树蜂身上的菌类的味道，顺藤摸瓜地寻找到它的肥胖的幼虫。

不过，要把卵产在大树蜂幼虫的身体上，趋背姬蜂还要费一番工夫，因为这需要它把自己那条4~5厘米长的产卵器穿过木材后才能伸到寄主的身体上。

因此，趋背姬蜂首先在树干外把末端有锉状纹的产卵器对准目标，然后用柔软的腹部不断扭转产卵器，使产卵器钻入树干内，再将一粒粒卵通过细长的产卵器产到寄主的身上。由于卵的直径大于产卵器直径，所以在细管中运行时，卵被拉成了长条形，到达目的地后才恢复原状。

姬蜂的寄生大致上可以分为两种形式：一种是在寄主的身体外面寄生，另一种是钻到寄主的身体里面寄生。通常，在一个寄主的身上只能有一种姬蜂寄生，如果有两种姬蜂同时寄生时，就会引起一番激战。

因此，许多种类的姬蜂都有一种探测本领，当它们在寄主的身体上准备产卵之前，能够判断出这个寄主是否已被别的姬蜂占领，如果发现已经有了先来者，它就会马上转移，去另找新的寄主。在进行害虫防治方面，这种具有判别能力的姬蜂有着更为广泛的利用价值。

有趣的是，有一种善于投机取巧的姬蜂，自己没有钻树的本领，却专门寻找趋背姬蜂钻好洞产完卵后的孔道，找到后再把自己同样长但却要细一些的产卵器插入树干，在那个已被趋背姬蜂寄生过的大树蜂幼虫的身体上再产下自己的卵。这种姬蜂的幼虫孵出后，由于拥有强大的口器，所以能首先将孵化出来的趋背姬蜂的幼虫咬死，再独自享用大树蜂幼虫的身体。

一般来说，姬蜂作为一个在寄主体内生活的寄生者，其身体通常要比寄主的身体小一些，而且它们孵化的时间也要比寄主的短一些。姬蜂幼虫的发育常常受到寄主发育的影响，当寄主停止发育进入滞育期时，姬蜂幼虫也随之进入滞育期。

据研究，姬蜂这种与寄主发育相一致的现象是由寄主内分泌的影响造成的。由于姬蜂幼虫的皮肤很薄，当寄主进入滞育期时，其体内所产生的影响滞育的内分泌物质也同样渗入姬蜂幼虫的体内，从而引起姬蜂幼虫的滞育。这也是姬蜂在长期营寄生生活的过程中形成的一种适应现象。

姬蜂种类多，数量大，寿命长，寄生本领高强，尤其是以害虫为寄主的种类很多，因而使它们成为了不少害虫的天敌。不过，它们也有一些缺点，就是它们寄生范围太广，有时也会寄生在一些有益的昆虫或蜘蛛的身上，甚至一种姬蜂还会寄生在另一种姬蜂的身上。这一点在人工利用的过程中需要多加注意。所幸的是，有这种缺点的姬蜂在庞大的姬蜂家族中为数并不算多。

知识点

滞育

滞育是动物受环境条件的诱导所产生的静止状态的一种类型。它常发生于一定的发育阶段，比较稳定，不仅表现为形态发生的停顿和生理活动的降低，而且一经开始必须度过一定阶段或经某种生理变化后才能结束。动物通过滞育及与之相似但较不稳定的休眠现象来调节生长发育和繁殖的时间，以适应所在地区的季节性变化。

昆虫和其他节肢动物的滞育发生于个体发育的一定阶段，是在不利环境到来之前，由某些季节信号，尤其如光周期变化的诱导而引起。

延伸阅读

爱护儿女的姬蜂

姬蜂对生儿育女所倾注的热情和爱心不亚于动物界任何其他种类。但它们养家糊口的方式却是别出心裁的。

姬蜂总是用螫针猎杀食物——毛虫、蜘蛛、甲虫或甲虫的幼虫，然而为了食品的"保鲜"，它从不把猎物置于死地，而仅仅是刺伤而已，然后把猎物运送到"家"中（洞穴里）。它在猎物的身上产下一个或多个蜂卵，便撒手离去，而它的孩子们则慢慢享用猎物所提供的养分，在"家"中成长起来。

为了把握"伤而不死"的分寸，姬蜂总是选择一个固定的部位对猎物"行刺"。螯针刺入猎物体内并触及到它的神经节，仅射入一滴毒汁，猎物便瘫痪了，这很像是人类医学临床应用的针刺麻醉术。

不少姬蜂也常有一些"不劳而获"的不光彩行为。它们并不去冒险发起攻击，而只是观望同伴的冒险举动；一旦胜利者放下猎物去觅洞时，它们就会把现成的食物偷走，占为己有。

刚孵化出来的姬蜂幼虫，其"保鲜"意识似乎是与生俱来的。它们先食用猎物肌体不重要的部分，使猎物仍保持鲜活，甚至到吃完了猎物的一半或 $\frac{3}{4}$，猎物还依然活着。姬蜂这一匠心独具的繁衍后代的方式，使其子女食宿无忧。

"殉情"的斗士：螳螂

早在 2 000 多年前，《庄子·人间世》就有"汝不知夫螳螂乎，怒其臂以当车辙，不知其不胜任也"的说法。于是，"螳臂当车"的成语便由此而生，用于嘲笑那些自不量力的人。

其实，在昆虫世界里，螳螂应该称得上是勇猛的斗士。它属于肉食性的昆虫，性情凶狠残暴。

螳螂的模样也生得很怪：在长长的颈部上面顶着一个能做180°旋转的三角形的头，头顶上生有一对多节呈丝状的触角，还长着一对由上百个晶体状单眼组成的复眼，显得巨大发达而向外突出，在它眼前活动的物体只需 0.01 秒就可以被其所察觉，使它能及时地观察到四面八方的猎物和敌情，并迅速做出反应。它的前胸特别长，占躯体长度的一半，前足上有很锐利的锯

螳螂的"武器"

齿，像一把镰刀，是捕捉猎物的主要武器。

螳螂身体为长形，多为绿色，也有褐色或具有花斑的种类。头呈三角形，能灵活转动。复眼突出，单眼3个。咀嚼式口器，上颚强劲。前足捕捉足，中、后足适于步行。渐变态。卵产于卵鞘内，每1卵鞘有卵20～40个，排成2～4列。每个雌虫可产4～5个卵鞘，卵鞘是泡沫状的分泌物硬化而成，多黏附于树枝、树皮、墙壁等物体上。

初孵出的若虫为"预若虫"，蜕皮3～12次始变为成虫。一般一年一代，一只螳螂的寿命6～8个月，有些种类行孤雌生殖。肉食性，猎捕各类昆虫和小动物，在田间和林区能消灭不少害虫，因而是益虫。

螳螂性残暴好斗，缺食时常有大吞小和雌吃雄的现象。分布在南美洲的个别种类还能不时攻击小鸟、蜥蜴或蛙类等小动物。

与我们的祖先蔑视螳螂的态度相反，古希腊人却相信螳螂具有超自然的力量，尊称它们为"占卜者"，并且认为牲畜吃下螳螂后会中毒而死，人如果沾上螳螂棕色的唾液就会弄瞎眼睛。其实这些神话与迷信都是源于螳螂狩猎时的姿态。因为它们在静立等待猎物时，总是抬起头，举起两个前足收拢在胸前，那种端庄文雅的举动就像在祈祷，所以又被称为"祈祷虫"。

在自然界中，身穿绿色"伪装服"的螳螂是拟态的高手，非常善于伪装自己，既可以躲避天敌，又可以在等候或接近猎物时不易被发现。它们经常漫步在草丛与树林之间，虽然行动缓慢，却是一流的伏击手。它们一般不主动去追捕猎物，总是摆出"祈祷"的姿势，耐心地等待猎物的到来。有的还会伏在树叶或花丛之中，乔装打扮成一片叶子或一朵鲜花，诱骗昆虫飞来自投罗网。

螳螂捕猎的动作，更是令人瞠目。当在绿树花丛中飞舞的昆虫来到螳螂眼前的时候，它的复眼和颈部的本体感受器立即神速地把昆虫的形状、大小、飞行速度和方向报告给大脑指挥部，并发出捕捉的命令。于是，螳螂悄悄地斜着张开翅膀，四只脚慢慢地一步一步地走向昆虫，到离昆虫不远的地方时，突然全身立起，用大刀般的前足猛地向昆虫飞行的方向狠狠一击，以迅雷不及掩耳之势发动攻击，立即将昆虫活捉，不论是蝉、蛾、蟋蟀、蝗虫、苍蝇、蚊子……一瞬间就统统成了它的美餐。

然而，螳螂经常只看见前面的利益，而忽略了身后的危险。当它们用闪电般的速度攻击昆虫时，也常常因此而暴露了形迹，反而成为鸟类捕食的对象，

正在伏击的螳螂

即人们常说的"螳螂捕蝉，黄雀在后"。

除了捕杀各种昆虫之外，螳螂之间还会自相残杀，在食物缺少的情况下，体形较大的螳螂往往会吃掉体形较小的同类，所以人们常常会在荒郊野外发现一些无头的螳螂尸体。

尤其令人惊异的是，当雄螳螂和雌螳螂的交媾正在进行的时候，体形较大的雌螳螂就将它的"丈夫"当作食物吃将起来！更为奇特的是，雄螳螂却对此进化出了一种对策，即在交配时即使整个头部都被雌螳螂切了下来，也不会影响交配的继续进行，并完成受精，因为它的生殖钩还留在雌螳螂的体内，而控制雄螳螂交配行为的神经中枢不在大脑而在胸神经节和腹神经节。

为什么雌螳螂会将与其交配的雄螳螂当作食物吃掉呢？这可能是因为雌螳螂在交配、繁殖、产卵的过程中，必须消耗大量的体能，因此交配时的雄螳螂就成为其最方便的一种食物了。

这种现象虽然看起来十分残酷和野蛮，但雌螳螂正是通过这种方法来摄取能量，从而成功地繁衍后代的，而雄螳螂这种"以身殉情"的精神，当之无愧地成为动物界中对爱情最为坚贞的"大丈夫"。

雌螳螂在产卵时，首先需要找到遮风避雨的地方，一边从它的腹部末端的产卵管中分泌出一种黏稠的液体，一边用尾端的两个瓣膜一开一闭地搅动液体，打进空气，把液体搅成泡沫状，然后才开始产卵。每产一个卵，就盖上一层泡沫。泡沫很快干涸，形成固体，成为卵鞘，保护它的

螳　螂

卵在里面顺利孵化。

小螳螂出世的时候，除了身体较小、没有翅膀以外，整个形态都酷似它们的父母。小螳螂也以昆虫为食，经过八九次蜕皮，便发育成为成虫，再按照它们父母的方式进行繁衍生息。

知识点

中枢神经

中枢神经是神经系统分类中的概念，神经系统分为中枢神经系统和周神经中枢围神经系统两大部分，中枢神经系统包括脑和脊髓，周围神经系统是指脊神经和脑神经。

神经中枢是一个功能概念，即中枢神经中的某些功能区域的相互间建立了一定联系并协同完成一定神经信号的接收、分析、综合和最终处理结果的外传。

延伸阅读

拟态的分类

昆虫是大自然食物链中不可缺少的一个重要环节，在与捕食者、被捕食者和环境斗争的同时，一场关系到种属生死存亡的军备竞赛悄然展开着。在昆虫的各种生存技巧中，拟态行为堪称昆虫延续至今的重要生存手段。昆虫拟态行为的出现可追溯至石炭纪，从那时起昆虫与捕食者之间、昆虫与植物之间开始出现协同演化和演变。拟态的方式一般包括颜色、花纹以及形态等方面。

拟态通常可分为两类：

1. 贝氏拟态：在昆虫的某些科中，有大量不可食的种类充作贝氏拟态的模型。例如，斑蝶科中包括许多难于下咽的种类，因此成为其他科的蝴蝶模拟

的经典模型。

　　模型与模拟者必须共存于同一地区，具有相同的栖息地。而且，模型总是应该比模拟者更丰富。这是因为捕食者必须有厌恶的实际经验后才能识别警戒色。换句话说，只有一些难于下咽的昆虫被捕食以后，其余部分的昆虫才能幸免。如果昆虫种群含有高比例的可食性模拟者，捕食者就有很大的机会捕食它们，因而就不能很快地识别警戒色，也就失去了应有的保护价值。

　　在野外并不发生高比例的模拟者。通常模拟者都极少，很难发现，而模型则可能非常丰富。

　　2. 缪氏拟态：这个术语用来描述均不可食的不同种具有类似形态的现象。如果发生在同一地区的两种不可食昆虫具有相同的标志或警戒色，那么对两者都有利。

　　很明显只要捕食者误食其中任何一种，即可记住其特有的警戒色而避食这两种昆虫。在一特定地区，在当地所有的捕食种类都记住昆虫的警戒色之前，必然有一些昆虫要成为牺牲品。

　　如果是两种昆虫具有相同的花纹，则每一种失去的个体数大致相等。由捕食选择产生的进化压力将有利于趋同进化，直到它们变得非常相似。当然这个过程将持续很长一个时期。在某些情况下，拟态型开始可能是由于随机变异而产生的，它们能存活下来是因为它们很幸运地类似于其它不可食的种类。

好斗的田园歌星：蟋蟀

　　蟋蟀，北方人俗称蛐蛐。因其能鸣善斗，自古便为人饲养。据记载，中国家庭饲养蟋蟀始于唐代，当时无论朝中官员，还是平民百姓，人们在闲暇之余都喜欢带上自己的"宝贝"，聚到一起一争高下。在生物分类中蟋蟀属昆虫纲直翅目蟋蟀科，约有 1 400 种，我国已知的有 30 余种。据研究，蟋蟀是一种古老的昆虫，至少已有 1.4 亿年的历史。

　　蟋蟀属直翅目、蟋蟀科，体呈黑褐色或黄褐色，体形粗壮，体长约 15～40 毫米，头呈圆形，具光泽；触角丝状，有 30 节，往往超过体长。雄虫好斗，且善鸣叫。雌虫则默不作声，是个哑巴，俗称"三尾子"。

蟋蟀是不完全变态昆虫。成虫生性孤僻，是独居者，通常一穴一虫，要到成熟发情期，雄虫才招揽雌蟋蟀同居一穴。若两头雄虫在同一洞穴相遇，二者必要打斗，这就是玩蛐蛐的生物学基础。但在若虫期，往往30~40头共居一室，十分亲热。

蟋　蟀

雌虫一生可产卵500粒左右，分散产在泥土中，以卵越冬。蟋蟀每年发生一代，喜居于阴凉和食物丰富的地方，常在夜间出来觅食。成虫喜跳跃，后腿极具爆发力，跳跃间距为体长的20倍左右；少数种类后翅发达能飞行。每年夏秋之交是成虫的壮年期，也是捕捉斗玩蟋蟀的大好时期。

蟋蟀分布极其广泛，在世界上大部分地区都有其生存活动的踪迹，蟋蟀的种类多达3 000余种，我国有50多种。

蟋蟀生活在草丛、灌木、田野等地。每年9月底，雌蟋蟀把产卵管插入地下，把卵产在地下，大约离地面0.5厘米深。到了10月，许多成虫就会凋零死亡，而卵则在地下过冬。

第二年的五六月间，卵开始孵化。孵化后的一龄幼虫，几天后就蜕皮成二龄幼虫。在两个月间，蜕皮七八次。每蜕一次，就成长一些。它们避开阳光，聚集在阴暗的地方生活。8月下旬，最后一次蜕皮，羽化为成虫。

羽化后23天，开始鸣叫。这时背部还长有一对飞行用的翅膀，叫声有些特别。大约羽化7天后，后翅膀就会从基部掉下来，这时声音就好听了。

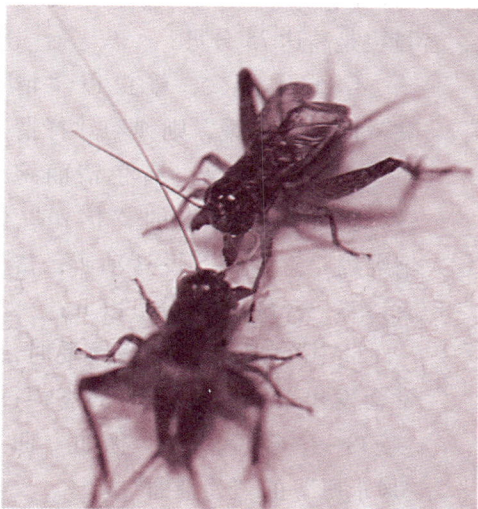

斗蟋蟀

　　蟋蟀多是杂食性的，既吃植物果实（如黄瓜、梨、茄子），也吃昆虫和同类尸体。

　　蟋蟀最为人们所注目的是它们的鸣叫声，素有"田园歌星"的美名。听蟋蟀在旷野鸣叫，有一种不可名状的陶然之乐。

　　每个宁静的夏夜，草丛中便会传来阵阵清脆悦耳的鸣叫声。听，蟋蟀们又在开演唱会了！蟋蟀优美动听的歌声并不是出自它的好嗓子，而是它的翅膀。仔细观察，你会发现蟋蟀在不停地振动双翅，难道它是在振翅欲飞吗？当然不是了，翅膀就是它的发声器官。回为在蟋蟀右边的翅膀上，有一个像锉样的短刺，左边的翅膀上，长有像刀一样的硬棘。左右两翅一张一合，相互摩擦。振动翅膀就可以发出悦耳的声响了。其中歌王当属长颚蟋蟀。体长可达 20 毫米左右，触角长约 35 毫米，因两颗大牙向前突出，故名长颚蟋蟀。

　　细细玲听和研究，它们"演唱"的乐曲，大致有以下五种含义：

　　1. 在和平时期，不受任何干扰时，常能鸣奏"畅想曲"。鸣叫声恬然自得，音色情纯亮丽。我们平时欣赏到的就是这种声音，同时也是区别个体间品质差异的鸣声；

　　2. 在遭受到同类的干扰时，为了保护自己的领地不受侵犯，常以警戒声恐吓对方。声音激而短促，据测定，音量往往高达 66～72 分贝；

　　3. 两雄相遇，挑衅鸣叫，以壮雄威；若决斗获胜，则高奏"胜利进行曲"，以显神威。其音色洪亮，鸣叫不息，音量更是高达 75 分贝；

　　4. 雌雄同穴，雄虫以"情歌"向雌虫求爱，则弹奏"抒情曲"，其声调清幽，音色清丽婉转，犹如乐队奏出的"倍司"，情绵绵，意切切，悦耳动听，富有诗意，音量在 60 分贝以下；

　　5. 当一对情侣交尾做爱时，常会发出表示"愉悦"的鸣声："嘀玲——嘀玲……"犹如一曲"凤求凰"的"爱情曲"。

　　除了善于歌唱，蟋蟀还十分

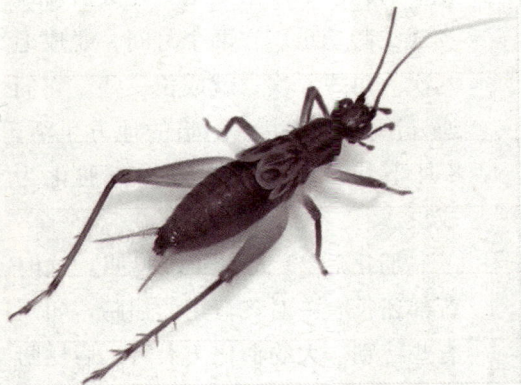

墨 蛉

好斗。斗架是雄蟋蟀之间的较量。蟋蟀相遇会用触角辨别对方，两雄相遇必然露出两颗大牙，一决高下。而一雄一雌相遇则是另一番情景。两只蟋蟀会柔情蜜意，互表仰慕之情。

古时娱乐性的斗蟋蟀，通常是在陶制的或磁制的蛐蛐罐中进行。两雄相遇，一场激战就开始了。首先猛烈振翅鸣叫，一是给自己加油鼓劲，其次要灭灭对手的威风，然后才呲牙咧嘴的开始决斗。头顶，脚踢，卷动着长长的触须，不停地旋转身体，寻找有利位置，勇敢扑杀。几个回合之后，弱者垂头丧气，败下阵去，胜者仰头挺胸，趾高气昂，向主人邀功请赏。

最善斗的当属蟋蟀科的墨蛉，民间百姓称为黑头将军。一只既能鸣又善斗的好蟋蟀，不但会成为斗蛐蛐者的荣耀，同样会成为蟋蟀王国中的王者。

知识点

斗 蟋 蟀

中国蟋蟀文化，历史悠久，源远流长，是具有浓厚东方色彩的中国特有的文化生活，也是中国的艺术。

斗蟋蟀亦称"秋兴"、"斗促织"、"斗蛐蛐"。用蟋蟀相斗取乐的娱乐活动。流行于全国多数地区。每年秋末举行。斗蟋的寿命仅为百日左右，这就将斗蟋蟀的季节限定在了秋季。而在古代汉字中，"秋"这个字正是蟋蟀的象形。

延伸阅读

如何捕捉蟋蟀

捕捉蟋蟀大有学问。首先要弄清楚蟋蟀的生态环境及它们的生活习性，才能捕捉到质优的上品蟋蟀。

蟋蟀的栖息地是决定虫质优劣的关键。通常情况下生活于碎砖乱石堆中的体质强壮；生活在泥土杂草间的体质羸弱；而穴居于荒土向阳处的则品质低下。在自然界，总是强者繁衍，弱者淘汰。因此在人迹罕到之处，如荒山野岭、古刹废墟、瓦砾碎石间，均能捕捉到优质蟋蟀。而在一般瓜豆菜地、田垄路边生栖的蟋蟀，往往品位一般，当然偶尔也会冒出个别上品蟋蟀。

捕捉蟋蟀的时间也大有讲究。一般分日捕和夜捕。日捕选多云天，光线亮度高，光照均匀，易捕捉。若在中午时分还能捕捉到雌雄同穴的"情侣"，因为此时正是它们"赴约幽会"、弹奏"爱情曲"的美妙时光。

夜晚捕捉以听鸣叫声为主，因为蟋蟀整夜至黎明鸣声不断，可手持电筒寻声觅踪，判定虫品的优劣。通常声音响亮宽宏，偶尔叫几声者，或间隔时间较长者为上品；声音低沉无力，连续不断鸣叫者定是劣品。

捕捉蟋蟀特别要注意安全。常闻蟋蟀迷为求虫心切，乱翻屋基墙角，造成坍塌倒屋或被毒蛇虫蝎咬伤事件；在农村乡野捕捉时，更要注意对农作物的爱护，切莫为了捉虫，毁坏庄稼。在城市园林、庭园捉虫，千万不要破坏绿化。

自然界的清道夫：埋葬虫

埋葬虫又叫锤甲虫，由于它们以死亡甚至腐烂的动物尸体为食，可以把它们转化成在生态系统中更容易进行循环的物质，因此很像是自然界里的清道夫，起着净化自然环境的作用。

埋葬虫

埋葬虫是属于鞘翅目、埋葬虫科的昆虫，全世界已知有 175 种，我国大约有 50 种。它们的体长一般为 1~2 厘米，最大的可达 3.5 厘米。它们的外表大多数呈黑色，也有呈五光六色的，如明亮的橙色、黄色、红色等，有的在鞘翅上还有花纹。它们的身体扁平而柔软，适合于在动物的尸体下面爬行。

埋葬虫常于夜间在树丛间飞来飞去。它的嗅觉特别灵敏。尤其对于鸟兽的尸体很感兴趣。无论是蛇、蜥蜴、鸟或是各种昆虫，即使在几小时前才刚刚死去，它们也能从很远的地方嗅到尸体的气味。通常都是雄埋葬虫首先发现动物尸体，然后立即飞过来，将其占为己有，再等候它的配偶到来。如果有其他雄埋葬虫过来，就会发生一场激烈的战斗，战败者被毫不客气地驱逐。最后，由最强大的一对埋葬虫共同合作来处理这份战利品。

它们飞到尸体身旁，先是用触须探查尸体，再用后腿踢一踢，仿佛想了解一下这只动物尸体有多重，需要多少时间和力气才能把它埋起来。接下来，它们开始挖起土来。它们对于松土挖洞特别内行，只见它们在动物的死尸下面爬来爬去，每次都用头部从死尸下面掘出一块土来，不久这具尸体就越陷越深，被埋葬虫连推带拽地埋进了坑里。这个埋葬动物尸体的土坑一般有 6～10 厘米深，而大型埋葬虫挖的坑的深度可达 1.5 米。

如果它们找到的动物死尸是在硬地或石头上，就齐心合力把死尸搬运到较松软的土地上。倘若沿途有青草挡着道，埋葬虫就把草从根部咬断。

埋葬虫为一个动物尸体挖掘一个墓穴通常要花费 3—10 个小时，才能将动物尸体埋好。然后，它们还要从尸体的四面把土运走，留出自己活动的空间，再从主墓穴挖掘出一条侧道和一些小室。

埋葬虫为什么要这样千方百计地埋葬鸟、鼠等动物的尸体呢？原来，这是埋葬虫繁殖后代的一种方式。雌埋葬虫在埋下的动物尸体附近产卵，不久，孵化出来的幼虫就可无忧无虑地吃着它们的父母早给它们准备好的食物，迅速成长起来。

大多数雄性动物很少提供对自己后代的抚育，不过这样的常规在昆虫中有很多例外，其中就包括埋葬虫。在大多数情况下，雄埋葬虫总是跟雌埋葬虫一起照料它们的后代。

雄埋葬虫首先与雌埋葬虫合作，在一个动物的尸体内钻来钻去，用尸肉建造一个个"育儿球"。这个育儿球被它们用分泌物处理过之后就不再散发气味，这有助于防止被其他以腐肉为食的动物发现和争夺。然后，雌埋葬虫就在育儿球附近产下几十粒卵。

在幼虫出世前几小时，埋葬虫的双亲差不多每隔半小时便急切地爬到旁边有卵的通道里去，把一切土块、石子都清除掉，为自己即将孵化的幼虫清理道路。

　　大约 5 天后，幼虫就孵化出来了。刚出世的埋葬虫幼虫在头 2—3 天靠其父母提供的褐色营养液生活。它们聚集在主墓室，不停地转动头部要吃的。每隔 10—30 分钟，它们的双亲就来到它们面前，向每只幼虫的嘴里喂几滴从口里吐出来的营养液。不久以后，幼虫就能够自己吃那个由双亲为它们准备好的美味——育儿球了。

　　幼虫的身体发育得很快，出生 7 小时后体重就能增加 1 倍，7—12 天后幼虫趴在墓室壁上化蛹。再过 2 个星期，羽化后的成虫就破壁而出了。

　　为什么雄埋葬虫不去寻找其他雌埋葬虫交配，却选择了与雌埋葬虫一起为其后代提供亲代抚育呢？原来，这样做的好处是能大大提高其后代的存活机会，并且这种好处会超过因失去新的交配机会所付出的代价。

　　科学家认为，它们之所以这样做，是因为对埋葬虫幼虫构成的威胁可能主要是来自它们的同类，而不是来自其他物种。它们种内的入侵者很可能有杀婴行为，目的是把育儿球抢夺过来供自己的后代使用。研究表明，当育儿球被其他埋葬虫抢走几天之后，育儿球中的幼虫反而变小了，这表明原来的幼虫已被清除掉了，现在的幼虫是新主人的后代，后来的雄埋葬虫则利用现成的育儿球喂养自己的后代。

　　虽然，单一的雌埋葬虫在一定程度上也能抵抗其他埋葬虫对育儿球的抢夺和杀婴行为，但如果能与一只雄埋葬虫联手共同对付入侵者就会取得更大的成功，这无论是在获得一个小型动物尸体还是获得一个大型尸体的情况下都是如此。因此，种内杀婴的风险似乎是促使雄埋葬虫亲代抚育行为进化的一个关键因素。

　　据美国鱼类和野生动物保护组织的调查，美国的埋葬虫数量在急剧减少，他们已经把它列入濒危动物的名单，并且正在采取措施，使它们的数量不断增加，免于绝种。

　　这使有些人感到困惑不解，干吗去关心这些小虫？

　　也许世界野生动物基金会的回答最有说服力：“在地球上，所有的生命，不论是奔跑的小孩、凶猛的老虎、温顺的斑鸠、流浪的青蛙，还是美丽的鲜花，都以我们尚不知晓的某种方式密切相关。如果我们人类不去关心它们，让它们一个接一个地从地球上消失，那么总有一天，这个命运也会落到我们人类的头上。”

知识点

亲代抚育

亲代抚育是指双亲对后代的保护和喂养。在很多动物中，后代发育成长的先决条件是靠双亲创造和提供的。

亲代抚育可以是直接的，也可以是间接的。直接抚育表现为保卫、喂食、护卵和照看后代，此时亲代和子代是互相接触的。间接抚育则表现为筑巢、造茧、储存食物、把卵产在安全和食物丰富的场所等，但亲代和子代不发生接触。亲代抚育的生物学意义是增加后代的成活机会，保证亲代最大限度地把基因传递给后代。

延伸阅读

以动物尸体为食的秃鹫

秃鹫又叫秃鹰、座山雕，泛指一类以食腐肉为生的大型猛禽。除了南极洲及海岛之外，差不多分布全球每个地方。

秃鹫吃的大多是哺乳动物的尸体。哺乳动物在平原或草地上休息时，通常都聚集在一起。秃鹫掌握这一规律以后，就特别注意孤零零地躺在地上的动物。一旦发现目标，它便仔细观察对方的动静。如果对方纹丝不动，它就继续在空中盘旋察看。

这种观察的时间很长，至少要两天左右。在这段时间里，假如动物仍然一动也不动，它就飞得低一点，从近距离察看对方的腹部是否有起伏，眼睛是否在转动。倘若还是一点动静也没有，秃鹫便开始降落到尸体附近，悄无声息地向对方走去。

这时候，它犹豫不决，既迫不及待想动手，又怕上当受骗遭暗算。它张开嘴巴，伸长脖子，展开双翅随时准备起飞。秃鹫又走近了一些，它发出"咕

喔"声，见对方毫无反应，就用嘴啄一下尸体，马上又跳了开去。这时，它再一次察看尸体。如果对方仍然没有动静，秃鹫便放下心来，一下子扑到尸体上狼吞虎咽起来。

有时候，秃鹫飞得很高，未必能发现地面上的动物尸体。其他食尸动物如乌鸦、豺和鬣狗等的活动，就可以为这种猛禽提供目标。如果发现它们正在撕食尸体，秃鹫会降低飞行高度，做进一步的侦察。假如确实发现了食物，它会迅速降落。这时，周围几十千米外的秃鹫也会接踵而来，以每小时 100 千米以上的速度，冲向这美味佳肴。